48 STUNDEN
AN NUR EINEM TAG

Mehr Zeit zum Leben

MICHAEL TÄUBERT

Texte: © Copyright 2023 by Michael Täubert
Umschlaggestaltung: © Copyright 2023 by Täubert-Design

Verlag: Täubert-Concept UG (haftungsbeschränkt)
Greizer Straße 23 · 07987 Mohlsdorf-Teichwolframsdorf
Telefon: 03661-453509 · E-Mail: info@taeubert-concept.de
www.taeubert-concept.de

Druck: Täubert-Design
Fritz-Ebert-Straße 25 · 07973 Greiz
www.taeubert-design.de

Auflage: Originalausgabe September 2023
printed in Germany

ISBN Print	978-3-910844-00-1
ISBN e-Book	978-3-910844-01-8
ISBN Hörbuch	978-3-910844-02-5
ISBN Workbook zum Buch	978-3-910844-03-2

Vorwort

Als die Idee entstanden ist, dieses Buch für dich zu schreiben, war ich mir überhaupt noch nicht sicher, ob ich schon bereit dazu bin. Bin ich schon "genug", um dir überhaupt Ratschläge zu geben oder interessiert es überhaupt jemanden, was mich bewegt oder was ich zu sagen habe? Interessiert überhaupt jemanden meine Story oder meine Vision? Diese und viele andere Fragen habe ich mir immer wieder gestellt. Auch oder vor allem die Frage: "Darf ich dich überhaupt duzen?" – Oh, es ist bereits passiert. Ich habe mich entschlossen, das "DU" einfach durchzuziehen. Auf den nächsten Seiten wirst du einen sehr tiefen Einblick in mein Leben erhalten – ich werde über meine Sorgen, meine Gefühle, Höhen und Tiefen berichten und du wirst die eine oder andere unbekannte Seite von mir kennenlernen. Aus diesem Grund habe ich mich entschieden, mein Buch in der Du-Form zu schreiben und hoffe, es ist okay für dich.

Was berechtigt mich überhaupt, dir dieses Buch zu schreiben? Zugegeben, ich habe keinen Doktortitel, habe nicht studiert und auch kein Abitur. Ich habe mit 16 Jahren die Realschule verlassen, um eine klassische Ausbildung zu machen. Eine Ausbildung, für die ich nicht nur meine Heimat – das thüringische Vogtland – sondern auch meine Familie und Freunde verlassen musste. Mein Name ist Michael Täubert, ich bin 37 Jahre alt, verheiratet, habe zwei wundervolle Kinder und wohne im schönen Mohlsdorf – einem kleinen Ort in der Gemeinde Mohlsdorf-Teichwolframsdorf. Bereits als Jugendlicher hatte ich den Traum zu gründen und damit das Abenteuer Selbstständigkeit zu starten. Und das ohne Studium. Meine Mission war es, ein erfolgreiches Unternehmen aufzubauen, Mitarbeiter einzustellen, zu führen, jungen Menschen eine Perspektive zu geben und meine Region mitzugestalten.

Es ist nicht nur das Motto meiner Firma, sondern auch die von mir gelebte Vision, wenn ich sage:

"Wir gestalten das Vogtland. Weil wir es lieben."

Mein Wissen auf den folgenden Seiten stammt nicht aus dem Hörsaal, sondern aus der gelebten praktischen Erfahrung der letzten Jahre. Viele Fehler habe ich in dieser Zeit gemacht und so einige Herausforderungen gemeistert. Meine Anliegen sind, dich zu inspirieren deine Vision aktiv zu verfolgen, zu motivieren, gerade an schweren Tagen und vielleicht auch vor dem einen oder anderen Fehler, den ich gemacht habe, zu bewahren. Sei dir aber auch bewusst: Fehler gehören zum Leben dazu. Das Entscheidende ist, was wir aus ihnen lernen.
Ich möchte dir zeigen, wie du es schaffst, aus dem Hamsterrad auszubrechen, mehr Freizeit für dich und deine Familie zu gewinnen, mit Systemen und Prozessen dein Unternehmen oder dein Vorhaben zu entwickeln und deine Region aktiv mitzugestalten. Mein Buch ist an vielen Stellen hemmungslos ehrlich und direkt. Es wird dir Wege zur Veränderung aufzeigen und an manchen Stellen sehr hart, aber auch emotional sein. Ich möchte, dass du in die Handlung kommst und hole mir schon jetzt das Commitment ein, dir an mancher Stelle im Buch einen wirklich nett gemeinten „kleinen Tritt in den Hintern" geben zu dürfen. Ich möchte nicht immer nett, sondern ehrlich zu dir sein. Wir wollen gemeinsam die Komfortzone verlassen und ich will es vorab sagen: Es geht um Veränderung. Nicht um Genuss.

Ich möchte auch gleich betonen, dass ich in meinem Buch nicht gendern werde. Bei allen Tatsachen, Geschichten und Storys sind Männer und Frauen sowie alle, die sich nicht einig sind, gleichermaßen gemeint und sollen angesprochen sein. Diese Zeilen werden politisch nicht immer korrekt, fachlich nicht erwiesen und erst recht nicht gender-konform sein. Dafür aber hemmungslos ehrlich und direkt.

Unzählige Male habe ich in den letzten Jahren meine Komfortzone verlassen und nunmehr zwei Firmen – eine Marketing- und eine Eventfirma – gegründet. Inzwischen arbeiten 30 Mitarbeiter mit mir zusammen, insgesamt 5 junge Menschen sind bei uns in der Ausbildung, ich bin Ortschaftsbürgermeister meiner Gemeinde, sitze im Kreistag des Landkreises Greiz, habe den Vorsitz im Wirtschaftsausschuss und habe einen Förderverein zum Erhalt unseres Tiergeheges Waldhaus gegründet. Aber bei allem Einsatz und Engagement: im Haupterwerb bin ich Familienvater, leidenschaftlicher Netzwerker und Botschafter für meine Region.

Wenn man Menschen aus meiner Heimat Vogtland über Michael Täubert fragt, sagen sie: "Wie er das alles macht? Sein Tag muss wohl 48 Stunden haben." Das Geheimnis ist: meine Uhr tickt nur halb so schnell wie deine. Nein, im Ernst: Es ist eine Frage der Planung, der Priorisierung, des Umfelds und des richtigen Glaubens an sich selbst – neudeutsch „Mindsets".

Dies alles möchte ich dir mit auf den Weg geben und dich dabei unterstützen, deinen Tag effektiver zu gestalten.
Nun aber wünsche ich dir viel Freude und zahlreiche neue Erkenntnisse beim Lesen meines Buches:
"48 Stunden an nur einem Tag. Mehr Zeit zum Leben."

Und jetzt geht es los...

Inhalt

DIE VISION

Das erste kleine Business

Als ich 10 Jahre alt war, beschlossen meine Eltern, in den kleinen Ort Reudnitz in der damaligen Gemeinde Mohlsdorf in Ostthüringen zu ziehen. Meine Mutti ist hier aufgewachsen und die Großeltern wohnten nur ein paar Straßen weiter, ziemlich konservativ, in einem Einfamilienhaus. Das Haus, welches meine Eltern kauften, war mitten im Ort und die Gemeindeverwaltung hatte bis vor kurzem noch ihre Büros im Erdgeschoss. Schon damals hat mich das Büro des Bürgermeisters interessiert und ich konnte mir noch nicht einmal ansatzweise ausmalen, welche politischen Ambitionen bereits in dieser Zeit in mir geweckt worden sind.

Ein Freundeskreis war damals, durch den Umzug, nicht vorhanden und es war anfangs nicht leicht, in meinem neuen Zuhause Anschluss zu finden. Meine Eltern meldeten mich an der ortsansässigen Schule, der Freien Regelschule Reudnitz, einer Realschule mit ökologischem Konzept und freiem Träger, an. Zugegebenermaßen hat mich damals der kurze Schulweg mehr motiviert, als das Konzept der Schule. Ziemlich schnell habe ich dort lernen müssen, mich durchzusetzen und mich in einer neuen Umgebung zurechtzufinden. Wenig Taschengeld und das Verlangen, beim kleinen Laden auf dem Schulweg Halt zu machen, haben es mir abverlangt, mich schon früh damit zu beschäftigen, wie man weitere Einnahmen generiert. Mein Vater behauptet heute noch immer über mich: "Der Micha hat schon immer Geschäfte gemacht. Er ist mit 5 Mark auf Klassenfahrt gefahren und kam mit 10 Mark wieder."

Im Geflügelzuchtverein – frage mich bitte nicht, warum ich dort damals eingetreten bin – habe ich mein erstes Netzwerk aufgebaut und konnte meinem Nachbarn – einen alten Mann – bei der Verpflegung seiner unzähligen Hühner und Kaninchen unterstützen. Aber warum schreibe ich dir das? Schon als kleiner Junge musste ich lernen, Verantwortung zu übernehmen, Netzwerke aufzubauen und einfach zuverlässig zu sein. Schon bald wurde ich im Ort bekannt als "der Täubi mit dem Fahrrad und dem kleinen Anhänger, gefüllt mit Gras für die Kaninchen". Es hat nicht lange gedauert, bis mein Onkel mich ansprach, ob ich nicht endlich mal anfangen will, Geld zu verdienen, um mir was leisten zu können. Mein Onkel war für mich ein absolutes Vorbild: selbstständig, Chef einer Autowerkstatt, hatte Mitarbeiter und immer den einen oder anderen Deal, von dem er stolz berichtete. Ich wollte sein wie er, fragte ihn aus und ließ mich schon früh von ihm anstecken – Umgang formt den Menschen. Schon bald schlug er mir vor, mein erstes kleines Business einzugehen und die "Bild am Sonntag" im Ort bei uns zu verkaufen. Ich war damals 13 Jahre alt und bevor ich mich umsah, hatte ich die leuchtend rote Jacke an und ein Basecap auf. Fortan stand ich sonntags an der Bushaltestelle unseres kleinen Ortes, um die Zeitung an den Mann und die Frau zu bringen. Ein weißer Aufsteller mit den 4 großen Buchstaben zeigte links und rechts des Buswartehäuschens mein kleines Angebot auf – mein erstes Marketing war entstanden.

Und nun saß ich dort am Sonntagmorgen und wartete – und wartete und wartete. Die inhaltlich so wertvolle Zeitung hatte ich inzwischen ausgelesen und in mir kam der Gedanke auf: "Warum machst du das hier eigentlich?" – "Warum sitzt du hier rum, während alle deine Kumpels vermutlich noch im warmen Bett liegen?" Fassungslosigkeit, Wut und Ärger über die Zusage zu diesem Job machten sich breit. Dann passierte es: das erste Auto hielt an. Wow, mein erster Kunde. Ich war so aufgeregt und konnte es kaum erwarten. "Entschuldige Junge, wo geht es hier zum Tiergehege?", fragte mich der Familienvater im alten Opel Astra, während Frau und Kinder schon ungeduldig im Auto waren. Enttäuschung machte sich breit. Ortskundig wie ich war, beschrieb ich ihm

[Ich mit 13 Jahren beim Zeitungsverkauf an der Bushaltestelle in Reudnitz]

den Weg und konnte die Verzweiflung in seinen Augen sehen. Kurzerhand entschloss ich mich eine kleine Skizze auf eine freie Stelle auf der Rückseite der Zeitung zu malen und sie zu verkaufen. Das war mein erster Kunde. Ich war so stolz. Meine erste verkaufte Zeitung. Aber was lernen wir aus diesem ersten Deal meines Lebens? Nicht das Produkt ist entscheidend, sondern der Nutzen, den du für den Käufer erzielst.

Stunden vergingen und der eine oder andere Dorfbewohner kaufte, vermutlich mehr aus Mitleid zu mir, eine Zeitung. Ein besseres Marketing musste her. Und somit entschloss ich mich, in der Folgewoche weitere Werbetafeln aufzustellen. Heute weiß ich, das ist eigentlich verboten – aber ich war jung und brauchte ja das Geld. Zwei große Tafeln mit der Aufschrift "Bild am Sonntag – in 100m" boten nun die Möglichkeit, kurz über den Kauf nachzudenken und motivierten zum Anhalten. Mein Marketing funktionierte. Woche um Woche wurde mein Angebot bekannter und viele gönnten sich den Lesestoff am Sonntag. Es zeichnete sich ab, dass oft die gleichen bei mir anhielten, um eine Zeitung zu kaufen. Ich wurde sicherer und fragte dann auch gelegentlich: „Hey, warum warst du letzte Woche denn nicht deine Zeitung holen?" Oftmals wurde mir entgegnet, dass das Wetter oder die Faulheit die noch so fleißigen Stammleser abgehalten habe, eine Ausgabe bei mir zu erwerben. "Ich könnte ja sonntags vorbeikommen und dir die Zeitung in den Briefkasten stecken...", habe ich dann kurz entschlossen angeboten. Mein Angebot wurde nach und nach immer häufiger angenommen und das erste "Bild am Sonntag Zeitungsabo" war geboren. Jetzt frage mich bitte nicht, ob das erlaubt war. Ich habe es einfach gemacht. Von nun an fuhr ich jeden Sonntag noch eine Stunde eher mit dem Fahrrad und dem kleinen Anhänger durchs Dorf und lieferte die Zeitung an meine ersten Abokunden aus. Zugegeben, die untere Zeitung hatte immer ein bisschen Hasenfutter am Deckblatt, aber der gute Service überwog den Qualitätsmangel. Teilweise noch im Schlafanzug nahmen die ersten Kunden ihre Zeitung entgegen. Relativ schnell waren sie dazu bereit, mir das Geld für den Monat im Voraus zu bezahlen oder auf mein Konto zu überweisen. Konto? Hey, ich war 13. Ein Geschäftskonto musste her und meine Mutter staunte nicht schlecht, als ich mit dieser Anforderung zu ihr kam. Mein Ausfahrgebiet wuchs und wuchs und der Absatz steigerte sich immer mehr. Die nicht verkauften Zeitungen lieferte ich an das Wirtshaus im Ort und bot dem Inhaber an, für einen kleinen Gewinn meine Zeitungen zu verkaufen. Mein erster Reseller war abgeschlossen. Ziemlich schnell wurde das "Täu-bi-Bild-Abo" bekannt und immer mehr meiner Zeitungskollegen setzten die Idee um. Ich habe keine Ahnung, ob das erlaubt, geduldet oder ge-wünscht war – ich habe es einfach gemacht. Den Verdienst aus meiner Arbeit sparte ich fleißig und konnte mir nach kurzer Zeit mit 14 Jahren ein Handy mit Prepaidkarte leisten. Einer der ersten Teenager in meinem Ort mit einem Handy. Finanziert von den Eltern? Pustekuchen – durch zeitiges Aufstehen am Sonntagmorgen und durch unzählige Fahrten im strömenden Regen mit dem Fahrrad und der doch so wertvollen Fracht an Bord.

Von jetzt an konnten mich meine Leser erreichen und mir per SMS zum Beispiel über den Urlaub Bescheid geben oder mich informieren, die Zei-tung beim Nachbarn abzugeben. Aber halt. Wie kam denn meine Num-mer an meine „Abonnenten"? Ein A4-Ausdruck mit dem Abo-Service und der Möglichkeit, bei Urlaub den Nachbarn zu beschenken, war schnell von mir geschrieben und die liebe Inhaberin des Ladens um die Ecke ver-vielfältigte meine ersten Flyer großzügigerweise auf ihrem Kopierer in der entsprechenden Anzahl. Als Dank hatte ich dort natürlich ihre Wer-bung und das aktuelle Angebot abgedruckt. Viele Leser bedankten sich für den Service und einer bot an, beim nächsten Mal zum Flyer etwas dazuzugeben, wenn ich auch seine Werbung – ein Malerbetrieb – mit abdrucken würde. Von diesem Zeitpunkt an hatten alle meine Kunden einen A4-Zettel mit News aus dem Ort, drei Witzen und natürlich wö-chentlich wechselnd die Werbung eines Unternehmers aus dem Ort mit in ihrem Briefkasten. Finanziert wurden die Kopien natürlich weiter vom ortsansässigen Tante Emma Laden, für den ich großzügig die Rückseite des Flyers einräumte. Mein erster Marketingauftrag war über Nacht ent-standen und legte den Grundstein für meine berufliche Zukunft, die mir zu diesem Zeitpunkt noch völlig unbekannt war.

Die Ausbildung

Ich hatte, nachdem ich die Realschule abgeschlossen hatte, überhaupt keine Idee, was ich mal machen wollte. Irgendwas mit Medien oder Computern vielleicht. In der Berufsberatung wurde mir der Beruf Fachinformatiker angeraten und ich entschloss mich, diesen Weg zu gehen. Über 60 Bewerbungen verschickte ich, um zu merken, dass in meiner Heimat im Jahre 2002 das Zeitalter der IT-Technik noch nicht angekommen war. Es gab einfach keine Ausbildung im Umkreis. Nichts. Gar nichts – und der Ausbildungsberuf war gerade erst entstanden. Durch einen Zufall wurde ich auf eine freie Ausbildungsstelle bei der Wasser- und Schifffahrtsdirektion in Würzburg aufmerksam und bewarb mich. Wasser- und Schiffwas? In wo? Ich hatte keine Ahnung, wo das war, aber einen unheimlichen Ehrgeiz, diese Ausbildung zu machen. Schon kurz nach der Bewerbung erhielt ich die Zusage für ein Vorstellungsgespräch und mein Opa bot an, mich dorthin zu fahren. Bei der Anfahrt von knapp drei Stunden wurde mir erstmals bewusst, wie weit doch 260 Kilometer sein können – man war ich naiv, aber dennoch hoch motiviert. Frage mich nicht wie, aber ich bekam den Job und die Gewissheit: Jetzt gibt es kein Zurück. Zum ersten Mal verließ ich nicht nur meine Komfortzone, sondern auch mein Elternhaus. Mit 16 Jahren, einem Rucksack und einem Marschgepäck von Mutti fuhr ich nun am Sonntag mit dem Zug nach Würzburg und freitags zurück. Ich musste ja schließlich meine treuen Leser weiter beliefern und auch das Heimweh trieb mich jedes Wochenende zurück ins Vogtland. In Würzburg selbst hatte ich den optimistischen Gedanken, eine Wohnung zu finden oder in einem Internat unterzukommen. Keine Chance. Schließlich zog ich in eine WG im Dachgeschoss eines Mehrfamilienhauses. Dort wohnten wir dann mit 10 Mitbewohnern – drei Jungs und sieben Mädels – unter einem Dach. Heute kann ich lauthals über jede Daily Soap lachen. Ich habe in den folgenden Jahren alles gesehen und erlebt, was die Klischees erfüllt. Details lasse ich in diesem Buch aus und biete einen persönlichen Erfahrungsaustausch an. Die gemeinsame Küche und das gemeinsame Bad gipfelten im gemeinsamen Kühlschrank. Nach der sonntäglichen Füllung mit mütterlichen Mitbringseln aus dem Vogtland, glich dieser am Montag der sibirischen Steppe, nachdem meine Mitbewohner auf den Geschmack gekommen waren. Auch die Auswahl vom mittleren der drei Fächer war sehr unglücklich gewählt, da die Gerüche von unten und die Flüssigkeiten von oben meine Speisen ungenießbar machten. Regelmäßig war am Ende des Geldes noch viel Woche oder Monat übrig. In diesem Zeitraum waren immer billiges Weißbrot gefragt oder Nudeln auch schnell zubereitet. Der Grundstein für meine Adipositas war nun gelegt und wurde ab diesem Zeitpunkt kräftig befeuert.

Die Ausbildung selbst war von Höhen und Tiefen geprägt. In der Berufsschule wurde nach wie vor, und 12 Jahre nach der Wiedervereinigung, immer noch der Ost-West-Konflikt offen ausgetragen. Im Betrieb tappte ich in jedes Fettnäpfchen, welches bereitstand. Schmunzelnde Blicke konnte ich nur auf mich ziehen, wenn ich 3-Zentner-Mann hinter dem einen Kopf kleineren und schmächtigeren Ausbilder durch die Gänge schlich. Seine Vergangenheit bei der Bundeswehr als Ausbilder konnte er nur schwer ablegen, der militärische Drill machte auch vor Formalitäten nicht Halt. Während meine Klassenkameraden pro Woche eine Seite Berichtsheft schreiben mussten und sich darüber lautstark beschwerten, schreib ich pro Tag eine Seite. Diese wurde standesgemäß am Ende der Woche kontrolliert und bei Nichtgefallen natürlich – wie eigentlich jede Woche – korrigiert. Der Drang zum Perfektionismus wurde hier geboren. Heute kann ich nur darüber lachen, wenn unsere Azubis ihr Berichtsheft abgeben und sich über den Aufwand beschweren. Zur Gesellenprüfung erntete ich irritierte Blicke der Prüfungskommission, als ich drei Ordner voller Berichtshefte in meiner blauen Klappbox zum Termin mitbrachte. Ich glaube, ich brauche dir nicht zu sagen, welche Genugtuung es für mich war, sie am gleichen Abend – ungelesen von der Kommission – im Lagerfeuer zu verbrennen. Zudem wurden meine Kollegen aus der IT-Abteilung nicht müde, in regelmäßigen Abständen zu erwähnen, dass sie die Ausbildung aufdiktiert bekommen hatten und nicht begeistert waren, überhaupt einen Azubi auszubilden. Der Vorteil: Die Bedingungen für die Ausbildung waren an einen gut gefüllten Etat an Mitteln für Fortbildung geknüpft, über die ich relativ frei entscheiden konnte. Von diesem Zeitpunkt an besuchte ich so ziemlich jede Weiterbildung zum Thema IT-Technik und Marketing, die der Markt hergab. Durch diese Seminare konnte ich mir schon zeitig jede Menge Wissen aneignen und das für meinen Beruf und mein kleines Business nebenbei anwenden.

Zwischenzeitlich erstellte ich neben meiner kleinen Flyer-Druckerei auch Webseiten und kaufte einen kleinen Plotter. Mit diesem stellte ich am Wochenende für alle Kumpels kleine Aufkleber her und verklebte diese auf Mopeds und Autos. Einer meiner Kumpels schüttelt heute noch mit dem Kopf, wenn wir uns die Geschichte vom Kauf des Folienschneidgerätes erzählen. Diese hat aber einen weiteren Grundstein für mein heutiges Business gelegt. Ich war schon sehr früh geschäftstätig und zugegebenermaßen kapitalistisch veranlagt. Als ich dann 18 wurde und ich zu meiner Mutter sagte: „Ich möchte gerne ein Gewerbe anmelden." begegnete sie nur mit den Worten: „Na, ich habe schon drauf gewartet". Zugegeben, die Anschaffung einer Textilpresse für T-Shirtdruck hat das 16qm kleine Jugendzimmer neben dem Plotter und der IT-Technik gut gefüllt. Eines Tages standen meine Mum und ich am Küchenfenster und schauten auf den leer stehenden kleinen Laden – so groß wie eine Garage – beim Nachbarn gegenüber. Schnell war ich mit dem Eigentümer einig und nachdem mir Oma das Geld für die ersten Möbel geliehen hatte, war der kleine Laden schnell eingerichtet und natürlich das erste Marketing mein eigenes.

[Eröffnung meines ersten kleinen Büros in Reudnitz 2004]

Gründung meiner ersten Firma mit 18 Jahren

Am 15. Mai 2004 war es dann endlich soweit und als Täubert-Design – Computerservice und Werbeagentur eröffnete ich mein eigenes kleines Business noch während der Lehrzeit. Ich war zu diesem Zeitpunkt noch in der Ausbildung und gerade 18 Jahre alt. Zur Eröffnung erschien der Bürgermeister meiner Heimatgemeinde, um mich zu diesem Schritt zu beglückwünschen. Mit einem Blumentopf Alpenveilchen in der Hand - und ich mag übrigens keine Alpenveilchen – wünschte er mir viel Erfolg mit den Worten: "Täubert, hast du eine Meise. So eine Werbeagentur auf dem Dorf. Das kann doch nicht funktionieren. Aber du wirst das schon irgendwie machen." „Na Danke" dachte ich mir und der Ansporn, etwas Großes daraus zu machen, war geboren. Ich gab Vollgas. In der Woche wurden in Würzburg täglich Überstunden gemacht, sodass ich am Freitag rechtzeitig zurück in die Heimat kam. Dort warteten schon die ersten Aufträge und die Zeit reichte kaum aus. Die Abende in der Woche verbrachte ich mit Berichtsheft schreiben und die Nächte mit der Erstellung und Pflege von Webseiten. Nicht nur mein Bekanntheitsgrad, sondern auch die Vielzahl der Leistungen wuchs. Durch die Sparten Computerservice und Werbeagentur und die damit verbundenen Aufgaben entstand ein mächtiger Bauchladen des Angebots. Heute weiß ich, es wäre besser gewesen, sich zu positionieren, aber in dieser Zeit war ich auf jeden Auftrag zwar nicht angewiesen, dennoch aber stolz und nahm ihn an.

In der Ausbildung täglich mit IT-Systemen und in der Freizeit mit Marketing merkte ich nach und nach, dass Informatik nicht die richtige Berufsentscheidung für mich war. Als "Turnschuhadministrator" war ich den ganzen Tag von PC zu PC unterwegs, das Ergebnis meiner Arbeit machte mich jedoch nicht glücklich. Meist gingen die Computer nach einer Reparatur wieder, nie aber besser als vorher und sehr oft auch nicht mehr oder wie durch Zauberhand auf einmal ohne eine eigentliche Kenntnis, was man gemacht hatte. Ich glaube, IT-Techniker wissen gerade wovon ich spreche. Ich nenne das immer die goldene Hand der IT. Du kommst an einen vermeintlich defekten PC, der Anwender ist schon seit mehreren Stunden sauer oder verzweifelt. Du machst den gleichen Klick wie der Anwender und plötzlich geht es wieder. In manchen Fällen kommt jetzt die ausgelöste Dankbarkeit zum Vorschein, in anderen die Wut und die Enttäuschung. Egal welche Reaktion, es hat mich nicht glücklich gemacht. Ganz anders bei meinem Marketing-Job. Ich glaube, meine Familie konnte es schon nicht mehr hören, wenn ich lauthals: "Das habe ich gemacht", gebrüllt habe, wenn wir an einer Beschriftung vorbei fuhren. Da ging mein Herz auf und das motivierte mich total – erst recht, wenn dadurch ein großer Auftrag entstand oder ein Mitarbeiter einen neuen Job erhielt. Völlig gehypt von diesen Erfolgen fuhr ich dann sonntags wieder nach Würzburg und Montag wieherte wieder der Amtsschimmel in der Behörde, in der ich arbeitete.

Die Ausbildung zog ich dennoch durch und schrieb eine Abschlussarbeit, die einer halben Doktorarbeit glich. Nichts anderes hätte mein Ausbilder zugelassen. 20 Seiten war die Vorgabe der Prüfungskommission und mich rettete nur der nicht definierte Umfang des Anhangs und die unzähligen Fußzeilen mit Verweis auf diesen. Die schriftliche Abschlussprüfung bewies mir wieder einmal: "Täubi, du bist kein IT-ler". Aber es hat gereicht. Auch wenn es nicht meine Erwartungen erfüllte. Die praktische Prüfung mit meiner ordnerfüllenden Facharbeit war, wie erwartet, sensationell, denn präsentieren und übers Thema reden konnte ich schon immer. Jackpot. Den Gesellenbrief hatte ich in der Tasche. Durch einen Erlass des Bundesministeriums war geregelt, dass Azubis im öffentlichen Dienst zu diesem Zeitpunkt für ein

Jahr nach der Ausbildung zu übernehmen sind. Somit war meine Weiterbeschäftigung erst einmal gesichert, obwohl es zu diesem Zeitpunkt schon Planungen gab, die Behörde zu schließen bzw. zu konsolidieren. Da im IT-Bereich der Wasser- und Schifffahrtsdirektion keine freien Stellen verfügbar waren, konnte ich kurzerhand ins Team "Öffentlichkeitsarbeit" wechseln. So traurig war ich über diese Entscheidung gar nicht und konnte meine Fähigkeiten im Bereich Website- und Flyergestaltung einbringen. Weitere Seminare zu dem neuen Bereich bauten das Wissen immer weiter aus. Dennoch war es eine Stelle auf Raten. Die Hoffnung auf andere Stellen bzw. eine andere Dienststelle war schnell Geschichte und somit musste ich nach 4 Jahren Würzburg sagen: Aus und vorbei. Die Enttäuschung war riesig und ich war enttäuscht, als ich meine Sachen packte und alles rückabwickelte. Die Entscheidung hätte ich selbst vermutlich nie getroffen und ich bin heute froh, dass mich andere aus meiner Komfortzone befördert haben.

Aus dieser Geschichte, mit meinem kurzen und ersten beruflichen Lebensabschnitt, entstand meine spätere Vision. Ich habe mir geschworen, dass ich alles dafür tun möchte, dass nie wieder ein Jugendlicher seine Heimat verlassen muss, um eine Ausbildung in einer fernen Region zu machen. Aber wie kann mir das gelingen? Dazu später in diesem Buch mehr.

Schlussendlich packte ich meine Sachen und zog wieder, nach 4 Jahren junger Eigenständigkeit, in mein Jugendzimmer ein. Ich glaube, ich brauche nicht zu sagen, dass meine Eltern zwar auf der einen Seite froh waren, aber auf der anderen Seite auch Herausforderungen entstanden, die man sich nicht hätte vorstellen können. Ich traf doch die letzten 4 Jahre selbst alle Entscheidungen und jetzt sollte ich mich wieder richten. Für mich eine Katastrophe. "Wann kommst du heim? Wer kommt denn heute mit?" oder ähnliche Fragen meiner Mutter waren mir völlig unbekannt geworden und wurden jetzt wieder aktuell. Die neue familiäre Situation war aber nicht die einzige Herausforderung. "Wie geht es jetzt beruflich weiter?", stellte ich mir die Frage. Für eine 100%ige Selbstständigkeit hatte ich in meinen jungen Jahren noch nicht den Mut und auch nicht das Kapital. In meiner Stadt gab es zum damaligen Zeitpunkt jedoch auch keine freien Stellen als Informatiker. Wenn ich das heute jemandem erzähle, ist das kaum zu glauben, aber zu diesem Zeitpunkt war das so. Über das Arbeitsamt wurde mir gleich in der ersten Woche eine Maßnahme bei einem freien Bildungsträger zugewiesen. Die erste Stunde beschäftigte sich mit dem Thema: "Wie schreibe ich eine Bewerbung in Word?". "Das ist doch nicht euer Ernst?", dachte ich mir und brach die Maßnahme ab und machte mich auf den Weg, einen neuen Job zu finden. In einem Rechenzentrum für IT-Systeme für die Automobilbranche erhielt ich schnell einen Termin für ein Vorstellungsgespräch. Beim Gespräch durfte ich das Service Support Center bereits besuchen und mir wurde angeboten, die nächsten drei Anrufe auf deutsch und englisch zu machen. Ich hatte die Hosen gestrichen voll. Wir erinnern uns, ich war nicht der beste ITler der Welt und auch mein Englisch hatte gerade für die Realschule gereicht. Aber man wächst mit seinen Aufgaben. Ich erhielt den Job und somit den nächsten Tritt aus meiner Komfortzone und rein in den IT-Support und das Schichtsystem mit 12-Stunden-Diensten und Rufbereitschaften. Am liebsten waren mir dann immer die Wochenenddienste, da sich hieran eine Freiwoche anschloss. Zeit, um weiter an meinem eigenen Business zu arbeiten und die Firma voranzubringen. Ich war Tag und Nacht auf Achse. Erinnerte mich noch gut an eine Situation, als mein Chef bei mir etwas gekauft hatte und ich ihm nachts um 2 Uhr eine Rechnung per E-Mail schickte. Früh um sechs saß ich pünktlich zum Dienst im Rechenzentrum und er lobte mich, wie fortschrittlich meine kleine Firma sei, dass sie automatisiert nachts Rechnungen erzeugte und verschickte. Für ihn war das schlussendlich einfach nicht vorstellbar, dass man so ein Arbeitspensum erfüllen konnte. In den Jahresgesprächen wurden mein Ehrgeiz und meine Fähigkeit mich zu vernetzen immer wieder gelobt und somit der Vertrag von Jahr zu Jahr verlängert. Unzählige Nacht- und Wochenenddienste saß ich alleine in dem riesigen Gebäude, um die IT-Struktur für die Automobilbranche und einen der größten Flughäfen am Leben zu erhalten. Klar hatte ich den Abschluss

**Du musst nicht alles können:
Du brauchst nur ein Netzwerk.**

als Fachinformatiker, aber oft völlige Ahnungslosigkeit für das Problem, welches unangekündigt um die Ecke kam. Mein Erfolgsgeheimnis: Ich hatte mir über die Zeit ein gigantisches Netzwerk an Buddys aufgebaut, die mich in jeder Lage und zu jeder Tag- und Nachtzeit unterstützten. Genau darin lag meine Stärke, mich zu vernetzen, die Menschen zu begeistern und gemeinsam für meine Mission oder Vision zu begeistern. In dem Fall hieß die Mission: IT-Störungen beheben, um die Wirtschaft und den Flugverkehr aufrechtzuerhalten.

Dafür trat ich jeden Tag an und gab alles. Mein Gaspedal stand auf Vollgas und dennoch hatte ich nicht das richtige Mindset, um an mich zu glauben und mein Business zum Haupterwerb zu machen. Warum denn nicht? Kunden waren da, der Umsatz und das Netzwerk auch. Lediglich der Glaube an mich selbst und meine Stärke fehlten.

Vielleicht geht es dir ähnlich bei der Entscheidung, dein eigenes Business zu gründen oder ein neues Projekt zu starten. Gestatte mir jetzt, dein Mentor zu sein und dir zu sagen: "Du bist genug und großartig. Glaube an dich und dein Können. Gehe jetzt den nächsten Schritt. Starte jetzt das nächste Projekt. Gestalte jetzt deine Zukunft!"

Jeder braucht einen Mentor und einen Coach und in genau diesem Moment ist meiner erschienen.

Ein guter Freund fragte mich:

„Hast du eine gute Idee für dein Business?"
„Hast du Freunde und Familie, die an dich glauben?"
„Glaubst du an dich selbst?"
„Traust du dir mehr zu als dem alten grauhaarigen Muffel, den du Abteilungsleiter nennst?"

All diese Fragen konnte ich mit **JA** beantworten.

"Dann gehe jetzt den nächsten Schritt.", fügte er an.

Du bist genug!

Der nächste Tag und die nächste Schicht sollte mein Leben hinsichtlich meines Business verändern. Gerade zur Nachtschicht angekommen, leuchteten auf meinem Monitoring alle roten Störungen, die man sich vorstellen konnte. Wir hatten kürzlich die Überwachung und Entstörung der Netzwerke für einen Zulieferer über den ganzen Globus erhalten. Der komplette asiatische Raum war offline. Ich rief meinen IT-Buddy an, der sich zu diesem Zeitpunkt bei dem Störungskunden vor Ort in Thailand aufhielt. Völlig aufgelöst sagte er mir: "Täubi, das hat keinen Sinn mehr. Hier ist Regenzeit und ich stehe bis zu den Knien im Serverraum im Wasser. Das Wasser läuft hier im Gebäude die Treppen hinunter. Hier können wir nichts retten." An diesem Punkt wusste ich: Ich kann mich noch so anstrengen, noch mehr Gas geben, noch fleißiger sein – für das Projekt kannst du nichts bewegen. Es ist nichts greifbar, ich habe keinen Wow-Effekt und es macht mir keinen Spaß mehr. Der Blick in Richtung Füße war blockiert. Die ständigen Nachtdienste und der Stress gepaart mit fehlender Bewegung hatten meinen Körper in einen adipösen Zustand versetzt, dessen Grad nicht mehr messbar war. Mir ging es zwar gesundheitlich nicht schlecht, aber die Folgen für meine Gesundheit deuteten sich immer mehr an.

Es war Zeit für eine Veränderung. In dieser Nacht traf ich die Entscheidung, das Projekt zu beenden und das zu machen, was mein Traum war. Das nächste Personalgespräch sollte das letzte in dieser Firma sein. Bei diesem Gespräch wurde mir eins klar: Jeder ist ersetzbar. Die Enttäuschung des Grauhaarigen hielt sich sehr in Grenzen. Für ihn war ich die Personalnummer 0815. Habe nicht die Arroganz zu glauben, es geht ohne dich nicht. Es geht um deine Veränderung, deinen Traum und deinen Weg. Für diesen Weg gilt jedoch: Nichts im Leben ändert sich, außer wir ändern uns.

Nichts im Leben ändert sich, außer wir ändern uns.

[Meine Eltern – meine schärfsten Kritiker, aber auch von
Beginn an meine größten Unterstützer]

Höhen und Tiefen liegen so dicht beieinander

Viele, die mich kennen, glauben immer, ich bin super stark und zum Unternehmer geboren. Glaube mir, NIEMAND ist als Unternehmer geboren. Es ist auch niemand zur Pflegekraft, zum Dachdecker oder Verkäufer geboren. Vielleicht hat man ein gewisses Talent oder Geschick – der Rest ist Training und Fleiß, um erfolgreich zu werden. Ich hatte nicht von Anfang an das richtige Mindset, um an mein Unternehmen zu glauben. Die negativen Glaubenssätze wurden bereits bei der Gründung eines Nebengewerbes von Leuten befeuert, die eigentlich Mentoren sein sollten. Aus dieser Situation ist meine Überzeugung entstanden: "Man darf niemals jemandem den eigenen Traum klein- oder ausreden". Jeder Traum ist es wert, gelebt und versucht zu werden. Daher glaube auch an deinen Traum und gehe deinen Weg. Mache Fehler und lerne! Mache wieder Fehler und lerne weiter!

Ein guter Freund hat einmal zu mir gesagt: "Ich verliere niemals. Entweder ich gewinne oder ich lerne!" An diesem Spruch ist etwas dran. Wenn ich heute zurückdenke, enttäuschen mich so viele Entscheidungen in meinem Leben. Aber was soll's. Auch Misserfolge haben mich geprägt und zu dem gemacht, der ich heute bin. Und ich mache heute noch Fehler, "JA - jeden Tag" – aber lerne aus ihnen.

Ich fasste den Entschluss, meine Firma zum Hauptgewerbe zu machen. Ich war der klassische Selbstständige – selbst und ständig. Die Aufträge wurden mehr und mehr und die Projekte hatten immer größeres Volumen. Meine Mutter unterstützte mich bei der Buchhaltung, während tagsüber gearbeitet und abends die Angebote und Rechnungen geschrieben wurden. Immer enger und enger wurde es nicht nur in der kleinen Garage, die ich "Büro" nannte. Auch im Jugendzimmer gab es immer mehr Platzbedarf, nachdem meine Freundin dort mit eingezogen war, um mich, zumindest nachts, auch einmal zu sehen. Eines Morgens sagte sie einmal zu mir: "Lass uns mal darüber nachdenken, eine eigene Wohnung zu suchen." Ich begegnete ihr mit den Worten "Lass uns das Thema auf heute Abend verschieben, dann ist einiges klarer." Klar hatte ich erkannt, dass die Situation im Büro und auch im Jugendzimmer nicht mehr tragbar war. Neben dem Schreibtisch stand direkt der große Plotter, um Folienaufkleber zu produzieren. In meiner kleinen Werkstatt gab es eine Leiter, um an die hohen Regale zu kommen, die ringsum an den Wänden angebracht waren. Ein Wachstum war nicht mehr möglich. Die Enge belastete jede Entfaltungsmöglichkeit, privat wie geschäftlich. Ein Schild am Straßenrand mit dem Aufdruck "Zu verkaufen" wies auf ein altes Gebäude im Nachbarort Mohlsdorf hin. Es war ein Mehrfamilienhaus mit einer alten Bäckerei im Erdgeschoss und einer rustikalen roten Klinkerfassade. Heimlich kontaktierte ich den Eigentümer, um zusammen mit meinem Onkel eine Besichtigung durchzuführen. Ich hatte mich in die Idee verliebt, dort nicht nur die Wohnung, sondern auch den neuen Firmensitz zu schaffen. An besagtem Morgen stand der Notartermin an und ich wollte es vorher niemandem erzählen. Ich hatte Angst, dass mir die Idee irgendjemand ausreden könnte und zog es einfach durch. Direkt nach der Unterschrift auf dem Kaufvertrag erhielt ich die Schlüssel, weihte meine Großeltern ein und lud sie zu einer Besichtigung ein. Meine Freundin erfuhr erst am Abend davon, als sie die Tür aufriss und forderte: "Jetzt erzähl endlich, was heute Abend klarer ist". Ich glaube, ich brauche dir nicht zu sagen, dass es ein Wechselbad der Gefühle zwischen Freude über die neue Wohnung und Enttäuschung darüber, dass ich sie nicht informiert hatte, gewesen ist. Wir waren erst kurz zusammen und ich hatte mich entschlossen, ihr es vorab nicht zu sagen.

War das richtig? Nein.

Habe ich damit einen Fehler gemacht? Ja.

Habe ich daraus gelernt? Nein. Denn die Geschichte wird sich in ähnlicher Form wiederholen.

Auch mein Vater war überhaupt nicht begeistert von dieser Entscheidung, das Haus zu kaufen und wollte es mir noch ausreden. Aber zu spät. Der Deal war abgeschlossen und der Traum war zu sehr in meinem Kopf manifestiert.

In den nächsten Tagen folgte eine Besichtigung mit Familie und Freunden, die mich bei meinem Vorhaben unterstützen wollten. Ich kann mich noch sehr gut an Frank, einen Elektriker aus meinem Bekanntenkreis erinnern, der bei der Besichtigung meinte: "Ich beneide dich."

Ich antwortete: "Beneiden? Für was? Für das Haus?"

Frank meinte: „Nein, für deine Unwissenheit, was du dir hier angetan hast."

Die Elektrik war komplett veraltet, alle Fenster und Türen alt und defekt, Fußböden und Decken kaputt und die Heizungsanlage aus den 90iger Jahren. Das Einzige, was modern war, war meine Idee, daraus einen Firmensitz zu entwickeln. Ziemlich schnell merkten wir, dass die geplanten finanziellen Mittel nicht ausreichten. Scherzhaft sagte ich immer: "Wir reißen erst mal alles von oben nach unten ab, bauen es wieder von unten nach oben auf und in der Mitte wird das Geld aufgebraucht sein." Du glaubst gar nicht, wie schnell die Mitte erreicht war. Die tragenden Wände verschonten wir, alles andere wurde rausgerissen. Wir führten gerade die Kernsanierung durch, als ich pleite war. 3 Tage wurde mit Freunden und Familie gebaut und 3 Tage gearbeitet. Der siebte Tag galt für Planung und Buchhaltung, bevor die Bautage wieder begannen. Die Nachfinanzierung war unmöglich, da der Beleihungswert der Immobilie keine weitere Finanzierung ermöglichte. Fast täglich rief die Bank bei mir an, um mich nach meinem Wohlbefinden zu erkundigen: "Herr Täubert, geht es Ihnen noch gut?" Wie fürsorglich, dachte ich. Hatte mein Freund recht? War ich wirklich so ahnungslos? Vielleicht. Dennoch glaubte ich an meine Idee, hier bald einzuziehen. Der Arbeitseifer wuchs und ich gab noch mehr Power, um das Ziel zu erreichen. Dankbar bin ich heute noch all denen, die mich damals unterstützten. Schließlich wurde nach fast zwei Jahren Bauzeit, am 31. August 2010, gleichzeitig mit der Firma und der Wohnung, der Einzug und die Eröffnung gefeiert. Zugegeben, beides war recht spartanisch eingerichtet, aber sehr zweckmäßig. Während viele Eigenbauten aus Konstruktionsholz in der Firma die Werkstatt zierten, musste das hässliche Blumenmuster vom ausgedienten Sofa des Schuldirektors mein Wohnzimmer schmücken. Uns war das ziemlich egal. Wir hatten endlich unsere eigene Wohnung. Endlich die eigenen vier Wände und die Firma hatte auf rund 130 Quadratmeter Platz, der für mich und auch eine Expansion reichen sollte. Das dachte ich damals zumindest. War das aus heutiger Sicht falsches Mindset? Nein – wir waren glücklich und stolz auf das Geschaffene.

Zur Eröffnungsfeier gratulierten zahlreiche Freunde und Geschäftspartner. Unter ihnen war auch unser Bürgermeister. Vermutlich war die Info mit dem ungeliebten Alpenveilchen bis zu ihm durchgedrungen und er überraschte mich mit einem neuen, mir unbekannten Gewächs. Viel motivierender waren jedoch seine Worte, als er sagte: "Mensch, Täubert" – so nannte er mich immer – "ich hätte nicht gedacht, dass du das hier so aufziehst. Respekt." Seine Worte machten mich sehr stolz. War er doch für mich ein Vorbild, ein Macher, klar auf das Wohl der Gemeinde bedacht. Er packte an und ich eiferte ihm nach.

Das nächste halbe Jahr ging es steil bergauf. Die Medien berichteten über den neuen Firmensitz, die zentralere Lage brachte mehr Publikumsverkehr und die Auftragslage stieg. Das Volumen war bald nicht mehr alleine schaffbar und so entschloss ich mich, die erste Mitarbeiterin einzustellen. Während ich tagsüber meistens unterwegs war, arbeitete sie Aufträge ab. Ich wollte ihr die besten Arbeitsbedingungen bieten, die sie sich vorstellen konnte. Jeden Abend arbeitete ich die

[Geschäftseröffnung mit Bürgermeister Christian Häckert
am 31. August 2010 in Reudnitz]

Aufträge vor, sodass für sie am nächsten Tag alles klar sein sollte. Und dennoch liefen Aufträge schief. Es war nicht so, wie ich es mir vorgestellt hatte. Aber warum? Sie hatte den Job doch gelernt. Heute weiß ich, dass eine klare Struktur und Prozesse fehlten. Aber zu dem Zeitpunkt suchte ich die Schuld nur bei ihr. War ich als Führungskraft geboren? Natürlich nicht. Wie auch? Habe ich Fehler gemacht? Ja – mehr als genug. Würde ich es heute anders machen? Definitiv.

Du kannst in dieser Lage nur Fehler machen. Mache sie, lerne und versuche, sie kein zweites Mal zu machen. Suche dir einen Mentor, der dort ist, wo du hin willst, orientiere dich an ihm und sprich offen darüber und über deine Ziele.

Gemeinsam waren wir ein starkes Team. Ich war nicht der beste Grafiker, aber ich hatte das theoretische Wissen und sie war eine perfekte Werbetechnikerin. Uns fehlte nur das grafische Know-How. Ziemlich schnell entschlossen wir uns, eine weitere Grafikerin einzustellen und die Lücke zu schließen. Ohne jegliches Wissen über Personalrecruiting veröffentlichte ich eine Stellenanzeige. Eine Mitschülerin namens Katja, aus dem Jahrgang unter mir, hatte sich daraufhin beworben. Von ihr wusste ich, dass sie in der größten Werbeagentur der Stadt Greiz ihre ersten Berufserfahrungen gesammelt hatte und dort stundenweise arbeitete. Über die Tragweite, sie einzustellen, wurde ich mir erst später bewusst. Wir sprachen über Konditionen und den möglichen Start der Arbeit. Alles war ungewiss, aber wir hatten ein positives Mindset für den Erfolg der Firma. Alles lief auf Erfolgskurs. Die Einstellung für die zweite Mitarbeiterin stand an und wir hatten große Pläne. Auch privat war bis zu diesem Zeitpunkt alles super und meine Freundin und ich genossen die gemeinsame Zeit und endlich die eigene Wohnung.

Der wohl schlimmste Tag in meinem Leben

Meine Freundin Kristin hatte ihre Ausbildung zur Erzieherin begonnen und endlich, nach abgebrochenem Studium, ihre Aufgabe für sich gefunden. Ihre hilfsbereite und soziale Ader konnte sie als Erzieherin ausleben und es war für sie wie eine Berufung. Wir waren endlich angekommen. Zugegeben, wir konnten sprichwörtlich keine großen Sprünge machen, aber wir hatten alles, was uns glücklich machte. Familienleben und Arbeit gestalteten sich nach und nach im Einklang und wir hatten gemeinsam Visionen für die Zukunft. Die obere Etage unseres Hauses war zwar noch im baulichen Rohzustand, aber es ermöglichte uns, Pläne zur Familienplanung später umzusetzen. Wer hätte gedacht, dass diese Absicht schon bald so plötzlich beendet sein würde.

Kristin, der Herzensmensch, der für alle da war und sich um jeden kümmert. Manchmal oder ziemlich oft zu wenig um sich selbst. Geplagt von einer panischen Prüfungsangst bereitete es ihr schlaflose Nächte vor der großen Zwischenprüfung ihrer Ausbildung. Ich konnte die Situation gar nicht verstehen. War ich doch der, der in der mündlichen Prüfung immer rhetorisch punkten konnte. Aber das trifft ja nun nicht immer auf alle zu. Was für mich die kleinste Hürde war, war für Kristin ein unüberwindbares Hindernis.

Bei der Verabschiedung zur Prüfung sagte sie noch zu mir: "Wünsche mir viel Glück!" Ich entgegnete: "Ich wünsche dir Erfolg. Glück brauchen die, die schlecht vorbereitet sind." Und sie war mega vorbereitet. Sie meisterte diese Herausforderung bravourös, Note 1 durch eine perfekte Ausarbeitung und Know-How. Der ganze Druck fiel bei ihr ab und wir entschlossen uns, diesen Erfolg gebührend zu feiern. Gemeinsam mit Klassenkameraden der Erzieherklasse fuhren wir zum Essen und erlebten einen angenehmen Abend mit viel Freude und Glück. Wir gingen ins Bett und schliefen recht schnell ein. Mitten in der Nacht wachte ich auf und hörte, wie sie schlecht Luft bekam. Ich sprach sie an und sie reagierte nicht. Ich war so ratlos in diesem Moment und entschloss mich, den Notarzt zu rufen. Ihr Atem blieb aus und die Stimme am Notruf-Telefon leitete mich an mit Maßnahmen zur Wiederbelebung zu beginnen. Alles, was man im Erste-Hilfe-Kurs gelernt hatte, war wie ausgelöscht. Ich hatte Angst einen Fehler zu machen. Hatte Angst, ihr weh zu tun oder die Situation zu verschlimmern – was eigentlich gar nicht möglich war. Die Zeit bis zum Eintreffen des Notarztes kam mir ewig vor. Ich war so hilflos in dieser Situation und reagierte nur noch. Der Notarzt traf ein. Ich dachte: "Endlich ist professionelle Hilfe da. Gleich wird es ihr besser gehen." Es vergangen Minuten um Minuten, weitere Rettungskräfte trafen ein, bis der Notarzt plötzlich aufhörte, die Herzdruckmassage durchzuführen: "Wir brechen ab. Es tut mir leid. Wir können nichts mehr für sie tun."

STILLE.

"Wann wache ich endlich aus diesem schrecklichen Traum auf?", waren meine einzigen Gedanken.

Doch es war kein Traum – es war schreckliche Wirklichkeit.

In diesem Moment ist die ganze Welt für mich zusammengebrochen. Es war doch alles so perfekt. Wir waren doch so glücklich. Wir hatten doch Träume und Visionen.
Ich starrte auf die verschlossene Tür und dachte: Sie muss doch aufgehen und sie muss wieder reinkommen. Aber die Tür blieb zu. Es kam niemand mehr rein. Die Liebe, die Pläne, die Zukunft – alles plötzlich

aus. Tage der Trauer vergingen und ich verstand die Welt nicht mehr. Freunde wechselten die Straßenseite, weil sie nicht wussten, wie sie mit mir umgehen sollten. Unerträgliche Stille. Überall. Keiner wollte mich mit irgendwas belasten. Jeder nahm Rücksicht und die wenigsten wussten, wie sie mit einem umgehen sollten.

Das Telefon stand still. Keiner rief mehr an. Neben der Trauer in den ersten Tagen und Wochen stieg schnell auch der finanzielle Druck. Die Auftragslage war von einem auf den anderen Tag null. Einnahmen fielen weg. Das Konto schrumpfte, weil die Raten und Verbindlichkeiten weiter eingezogen wurden. Die nächste Lohnzahlung der Mitarbeiterin stand schon bald an. Die Bank wechselte vom fast täglichen Anruf zum anonymen Brief. Ich stellte mir die Frage, wie es weitergehen sollte und ob es überhaupt weitergehen wird. Ich stellte das eigene Leben in Frage.

Dazu der mentale Druck oder die Ratlosigkeit. Die Frage nach dem Warum. Immer wieder stellte ich mir die Frage: "Warum ist uns das passiert?" Und es ließ mich nicht los. Ich wachte nachts schweißgebadet auf und konnte wiederum nicht einschlafen. Die Gedanken in meinem Kopf kreisten und ich fand keine Ruhe. Ich konnte keinen klaren Gedanken fassen und erst recht nicht an Projekte denken.

Eine spätere Obduktion ergab, dass Kristin ein zu großes Herz hatte. Alle, die mit ihr zu tun hatten, haben das täglich gespürt. Gewusst aber hatte es keiner und auch nicht geglaubt, dass es für sie so schlimme Folgen haben wird. Keiner hätte ihr bei ihrem plötzlichen Herztod helfen können. Keiner.

Die Fragen "Hätte ich es verhindern können?" oder "Warum hat es sie getroffen?" haben mich fast wahnsinnig gemacht. Dankbar war ich in dieser Situation vor allem meiner Familie, meinen Freunden und dem Hospizdienst, die mich in dieser schweren Zeit unterstützt haben. Ich hatte mich entschlossen, über den Hospizdienst eine Hilfe anzufordern und war mit 26 Jahren einer der jüngsten Klienten der Hospizbetreuung. "Hör auf dir die Fragen zu stellen, auf die es keine Antworten gibt!", hat mich die Frau vom Hospizdienst ermahnt. Sie hatte damit recht. Es dauerte noch Wochen, bis ich zu meiner Arbeit und meiner Energie zurückfand. Bis zum "Leben" Jahre.

Zwei Sachen hat mich diese Zeit – die schwerste Zeit meines Lebens - gelehrt:

> Die erste Erkenntnis aus der Hospizberatung:
> Stelle niemals Fragen, auf die es keine Antworten gibt.

> Der zweite Grundsatz kam immer von Kristin:
> Trenne dich niemals im Streit. Du weißt nie, ob du dich noch einmal wiedersiehst.

Diese beiden Grundsätze begleiten mich seither durchs Leben.

Die Anteilnahme an meinem Schicksal war überwältigend. In dieser Lage wurde mir klar, wer deine Freunde sind und auf wen du dich verlassen kannst. Einige neue Telefonnummern hat mein Handy in dieser Zeit erhalten. Sehr, sehr viele verließen das Adressbuch für immer.

Auf einer der unzähligen Trauerkarten stand der Spruch: "Alles ist für irgendwas gut." In diesen Umständen habe ich mich gefragt: „Geht's noch? Für was soll das gut sein?"
Bis heute finde ich diesen Spruch mehr als unangebracht. Dennoch hat mir das Geschehene die Augen geöffnet. Das Leben nimmt keine Rücksicht auf deine mentale Lage und viele in deinem Umfeld auch nicht. Du kannst dich nicht auf diese Situation vorbereiten, aber du kannst heute alles dafür tun, dein Leben zu verändern. Du brauchst dir nicht irgendwann vorzuwerfen, dass du nicht genügend Zeit für deine Liebsten hattest. Denn: Nichts im Leben ändert sich, außer wir ändern uns.

Ich habe mir geschworen, drei Dinge ab sofort stärker in meinen persönlichen Fokus zu rücken:

1. Zeit nehmen für die Liebsten
2. Chancen nutzen, die einem gegeben werden
3. Ideen umsetzen und Träume erfüllen

Dein eigenes Mindset entscheidet darüber, wie du dein Leben lebst. Nicht andere.

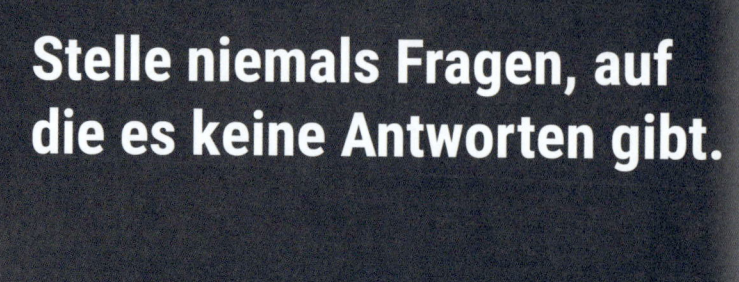

**Stelle niemals Fragen, auf
die es keine Antworten gibt.**

Hinfallen darf man – aufstehen muss man

Zwei Sachen hatte ich meinen engsten Vertrauten versprochen. Erstens, dass ich wieder zurück ins Leben finde und zweitens dabei auch mal an mich denke.

Niemals hätte ich geglaubt, dass der Alltag mich so schnell wieder einholen würde. So viel man sich nach so einem Schicksalsschlag auch vornimmt, du bist ruck zuck wieder im Hamsterrad, wenn du nicht aufpasst.

In der Phase der Trauer wollte ich nicht mehr alleine sein. Ich wollte auch nicht zu Hause sein. Jedes Ehrenamt, jede Aufgabe und jeden Job nahm ich an, jede Veranstaltung besuchte ich – einfach, um nicht alleine zu Hause zu sein. Ich glaube, ich brauche dir nicht zu sagen, dass damit nicht nur mein Bekanntheitsgrad, sondern auch die Fülle an Aufgaben und der Stress stiegen. In der Zeit sprach ich immer davon, „halbtags" zu arbeiten. Gemeint waren 12 Stunden Arbeit und dann noch Ehrenamt, Verein und Veranstaltungen. Ich war nur unterwegs und mein Tag war mit Terminen prall gefüllt. In der Bevölkerung meiner Heimatstadt entstand der Eindruck, dass ich überall war und dass mein Tag vermutlich 48 Stunden haben musste, um das Arbeitspensum überhaupt zu bewältigen.

48 Stunden an nur einem Tag. Jeden Tag.

Ich hatte Angst, selbst so ein Schicksal zu erleiden und vor allen möglichen Krankheiten. Die Sorge mutierte in eine wahnsinnige Motivation, mein Gewicht zu reduzieren und gesünder zu leben. Die 21-Tage-Stoffwechselkur zog ich durch und durchlebte sie über 15 Monate knallhart. Gepaart mit Fitnessstudiobesuchen und kilometerlangen Läufen durch den Greiz-Werdauer-Wald, führte es zu einer Gewichtsreduzierung von 60 Kilo. Der Weg dahin war alles andere als gesund, aber erfolgreich in meinen Augen. Ich hatte wieder das Gefühl zu leben. Das Gefühl der Sicherheit. Aus späterer Erfahrung kann ich dir jedoch sagen: Sicherheit ist nur ein Gefühl. Sicherheit ist gut, hemmt aber dein Mindset und verhindert deinen Erfolg. In dieser Zeit begann ich, mein Erfolgstagebuch zu schreiben. Dazu möchte ich dich animieren. Schreibe doch einmal in ein Buch oder digital ins Handy – wie ich es mache – jeden Tag drei Dinge, auf die du zufrieden zurückschaust. Also drei Dinge, die du an dem Tag erreicht hast oder mit denen du zufrieden bist. Du wirst sehen, was das verändert. Erstens reflektierst du den Tag im Positiven und zweitens schöpfst du Energie, um die nächsten Projekte anzugehen. Du musst deinen Erfolg auch für dich messbar machen und vor allem musst du verbindlich sein.

Diese Verbindlichkeit hatte ich mir geschworen. Privat als auch geschäftlich. Wir erinnern uns: Ich hatte Katja den Job als Grafikerin versprochen. Dieses Versprechen galt es einzuhalten. Somit begann sie bei uns im Unternehmen und war ab sofort die Frau an der Front unserer Firma. Ihr erster Kundenanruf muss sich wohl so angefühlt haben wie mein Probearbeiten im Rechenzentrum. Aber ich glaubte an sie, förderte sie und animierte sie immer wieder, die eigene Komfortzone zu verlassen. Ihre größte Angst war die Kommunikation mit Kunden am Telefon. So lag es nahe, dass wir schon bald zu einem Verkaufstrainer nach Berlin auf ein Seminar fuhren. Wie sich schnell herausstellte, eine typische Sales-Schulung für Versicherungsvertreter und Vertreter von Schneeballsystemen, die ihre Kunden mit Angst manipulieren und zum Kaufen bewegen. Wir tranken dort vermutlich die teuerste Cola unseres Lebens, brachen das Seminar vorzeitig ab und fuhren zurück. Auf der Rückfahrt analysierten wir gemeinsam, was wir machen könnten, um die Bekanntheit der Firma und das Image weiter zu steigern. Die Firma befindet sich in einem Vorort der Kreisstadt Greiz namens Mohlsdorf. Greiz zählt etwa 20.000 Einwohner und die eigenständige Gemeinde Mohlsdorf zum damaligen Zeitpunkt rund 3.000. Mit unserer Werbeagentur hatten wir immer das Image, die "Dorfschmiede" zu sein, die kleine Agentur, die mit ihrem Bauchladen alles machte. Die für alles und nichts stand. An diesem Tag stellten wir uns die Frage, wofür wir jeden Tag antraten und kamen zu dem Schluss: "Um die Firmen im Vogtland erfolgreich zu machen." Ja klar, erfolgreiche Firmen stellen gute Mitarbeiter ein, erwirtschaften Gewinne und zahlen Steuern hier vor Ort. Mit diesen Steuern erhalten wir Kindergärten, Schulen, Spielplätze und gestalten die Region gemeinsam. Wenn wir die Firmen erfolgreich machen, dann kommt es allen zu Gute. Wir sind quasi die Wirtschaftsförderung. An diesem Tag fiel die Entscheidung, das Thema Computerservice endgültig zu eliminieren und aus dem Leistungsportfolio zu streichen. Der Fokus sollte sich nur noch dem Marketing widmen, die Sparte in unserem Unternehmen, bei der wir perfekt aufgestellt waren.

Gehe jetzt bitte in dich, nimm ein Blatt Papier, schreibe alle Leistungen darauf, die du anbietest und eliminiere in deinem Leistungsspektrum Sparten, die dir kein Geld bringen. Es nützt nichts, diese Services aus alter Tradition mitzuschleppen. Es wird dich nicht begeistern und du wirst es nicht mit genügend Herzblut leben. Sollte jetzt ein: "Micha, das kann ich nicht machen..." von dir kommen, sage ich dir: "Doch!" Du kannst und du musst. Glaube nicht, dass es mir leicht gefallen ist, das Thema Computerservice zu streichen. Das Thema, was ich ursprünglich mal gelernt hatte. Natürlich gab es einige, die das nicht verstanden. Aber das legte sich. Gebe ihnen gute Empfehlungen mit einem neuen Partner und konzentriere dich auf die Leistungen, für dein Herz brennt und du dich emotional begeistern kannst.

Tradition ist nicht die Anbetung der Asche, sondern die Weitergabe des Feuers. - Jean Jaurès

Der zweite Standort & XXL Digitaldrucker

Außerdem entschlossen wir uns, endlich stärker in der Kreisstadt präsent zu sein und das Image der "Dorfschmiede" endgültig zu streichen. Die Idee, ein Ladengeschäft in Greiz zu eröffnen, war schnell gefunden. Der Kontakt zu einem Ladenbesitzer in der Fußgängerzone wurde durch einen Geschäftspartner hergestellt, das Büro angemietet und schon bald bezogen. Katja übernahm die Betriebsleitung für den Laden und ich stellte ihr zum Ausbildungsbeginn im August einen Azubi zur Seite. Unser erster junger Mensch in Ausbildung. Natürlich ließen die Medien nicht lange auf sich warten und die Presse berichtete ausgiebig über unseren neuen Laden und den Azubi. Nutze auch du den Kontakt zur lokalen Presse und informiere diese regelmäßig über deine Aktivitäten. Glaube mir, es gibt Phasen, da freuen sie sich über gelieferte Nachrichten – heute spricht man von "Content".

Dass es in der kleinen Stadt Greiz und im näheren Umfeld zu dem Zeitpunkt weitere 11 Werbeagenturen gab, hatte mich nicht sonderlich interessiert und ich versprach, zweimal die Woche mit vor Ort zu sein. Die Präsenz stieg, wir beteiligten uns an Veranstaltungen und organisierten selbst Events in Zusammenarbeit mit dem Gewerbeverein, bei dem ich Gründungs- und Vorstandsmitglied war. Während im Greizer Büro vor allem Grafiken und Layouts erstellt wurden, übernahm unsere Agentur in Mohlsdorf die Produktion. Immer weiter wurde diese ausgebaut und in neue Technik investiert. Zuerst Plotter, um Folie für Fahrzeugwerbung herzustellen, später Textildrucker und immer mehr Drucktechnik, um möglichst das komplette Sortiment der Werbetechnik im Haus produzieren zu können. Zeitgleich entstanden Online-Druckereien und das Volumen für klassische Druckerzeugnisse wie Flyer und Plakate verlagerte sich zu den bekannten Online-Dienstleistern. Mit diesen Produkten konnten wir somit preislich nicht mehr mithalten und unser Markt wandelte sich. Jetzt war es an der Zeit, sich weiter umzuschauen und ein Alleinstellungsmerkmal zu entwickeln, das es nicht online gab und uns einmalig in der Region machte. Wir entschlossen uns, den größten Digitaldrucker für Folientechnik anzuschaffen, den es zu diesem Zeitpunkt auf dem Markt gab. Über 1,60 Meter Druckbreite und eine Länge von 50 Metern konnte man in einem Stück produzieren. Der Preis war vergleichbar mit einem Kleinwagen und wir hatten schon keinen Platz mehr, diesen überhaupt zu stellen.

Unzählige Messe- und Vorführungstage vergingen und die Entscheidung zum Kauf festigte sich.

In dieser Zeit entstand auch eine der unangenehmsten Situationen in meinem Leben. Ich war bei unserem Lieferant für Folie und eben dieser Drucktechnik zur Vorführung nach Leipzig eingeladen. Dort angekommen, wurde mir der wahnsinnig große Betrieb gezeigt und die komplette Logistik erklärt. Riesige Hallen und überall Menschen, die wie die Ameisen durch die Halle flitzten. Einfach Wahnsinn. Anschließend wurde mir über mehrere Stunden das Gerät gezeigt und mich dafür begeistert. Unzählige Tassen Kaffee flossen durch meine Adern und ich war hibbelig wie ein Teenager. Dennoch reichte mein Selbstvertrauen nicht, diese Entscheidung zu treffen. Heute weiß ich, es war völlig unbegründet. Aber zu dem Zeitpunkt war ich total unsicher und der Deal und die Kaufsumme waren unerreichbar für mich. Ich konnte an diesem Tag keine Entscheidung treffen und wollte einfach nur noch weg. Beim Verabschieden ohne einen Deal fragte ich noch einmal nach einer Toilette, bevor ich die 2-stündige Heimreise antrat. "Das ist ein bisschen kompliziert von hier aus", meinte der Verkäufer. "Du musst den Gang vor, ganz hinten links, durch die große Halle, an der Kantine vorbei, die Treppe runter und unten dann zweite Tür rechts – siehst du dann schon." – Ja, alles klar, passt schon, dachte ich mir und ging. Nach der Kantine gab es irgendwie keine Treppe oder ich fand sie nicht. Plötzlich stand ich im Foyer und hinter mir fiel die Tür zu. Keine Menschenseele war mehr da. Es ging nur noch nach draußen. Auf dem Parkplatz stand ein Auto, meines. Sonst kein weiteres. Es war schon dunkel, kein Mitarbeiter war mehr anwesend und ich musste wirklich dringend. Ich entschloss mich gegen meine Überzeugung, mich in den Büschen am hinteren Parkplatz zu erleichtern, um dann auf der Autobahn nach Hause zu fahren. Etwa vier Wochen später war ich zu einem Seminar wieder zum gleichen Lieferanten eingeladen. Diesmal wurden der komplette Innendienst und das Call-Center gezeigt. Ich wurde den Eindruck nicht los, dass mich alle freudig angrinsten und hinter meinem Rücken tuschelten. Als ich zum Geschäftsführer ins Büro kam, präsentierte mir dieser seine ziemlich moderne Überwachungstechnik und bot mir einen Kaffee an mit dem Hinweis: "Heute finden Sie die Toilette gleich hier auf der Etage". Man war mir das peinlich. An dem Tag machten wir den Deal mit dem XXL-Digitaldrucker.

Was lernen wir aus dieser Story? Du kannst jede Situation nutzen, um einen Abschluss zu machen – egal wie peinlich die Lage ist – dein Mindset muss nur stimmen.

Natürlich hatte ich beim Geschäftsführer noch einen Vororttermin für die Installation und Einrichtung ausgehandelt und ich freute mich schon wahnsinnig auf meine neue Technik. Bei einem weiteren Besichtigungstermin bei uns in der Firma sollte der Außendienst die technische Machbarkeit und den Standort klären. Der Termin ging noch in unsere Firmengeschichte ein. Nachdem alle technischen Details geklärt waren, verlegten wir die weitere Verhandlung erst ins griechische Restaurant und dann in die einzige Bar in Greiz. Dem Kollegen hatte ich ein Zimmer im ortsansässigen Hotel gebucht. Wir sprachen den ganzen Abend über Ideen und begossen ausgiebig den Deal. Katja, die anfänglich noch den Abend begleitete, hatte sich zwischenzeitlich ausgeklinkt, während wir noch zu mir nach Hause gingen, als die Bar schloss. "Wohnst du im Möbelhaus?", fragte mich der Außendienstler, als er meine Wohnung sah. Ich hatte mich zwischenzeitlich von einigen Möbeln getrennt und sie ersetzt. Da ich aber nie zu Hause war, glich meine Wohnung jedoch eher einer Musterhaus-Ausstellung, als einer Wohlfühloase. Wir prüften noch ein paar Reserven aus meiner Bar, bis er dann gegen 4 Uhr nachts der Meinung war, mit dem Taxi ins Hotel zu fahren. Solltest du jetzt Mohlsdorf bzw. Greiz nicht kennen, kann ich dir sagen: Das wird nichts. Hier fährt nachts nichts, weder Bus noch Taxi: Nichts. Zu allem Überfluss regnete es in Strömen und die Straßenbeleuchtung war längst aus. Das Angebot, das Sofa zu nutzen, schlug er aus. Kumpel, wie ich bin, zeigte ich noch kurz, wo das Hotel war und mein Gast verabschiedete sich mit einem geliehenen Regenschirm.

Als ich am nächsten Morgen in die Firma kam, wurde mir berichtet, dass bei Arbeitsbeginn ein Regenschirm an der Tür stand und ich doch lieber wieder ins Bett gehen sollte. Frage mich nicht, wie der Vertriebler zu seiner Vorführung nach Leipzig gekommen ist. Man erzählt sich heute im betreffenden Unternehmen, das wären die schlimmsten Vertragsverhandlungen der Firmengeschichte gewesen – und dabei ging es nicht um den Preis. Manchmal musst du eben Opfer bringen, um einen guten Deal abzuschließen.

Als die Lieferung der Materialien und des Druckers kam, dachte ich, sie hätten ihr komplettes Lager ausgeräumt. Unzählige Rollen Folie füllten unser Lager und kein einziges Material erfüllte im Druck unsere Erwartungen. Die Umgebung mit Luftfeuchte und Temperatur stimmte überhaupt nicht mit den normalen Umgebungen überein und jeder Druck sah einfach nur schrecklich aus. Hatte ich mich verkalkuliert? Falsch investiert? Jedes Farbprofil musste angepasst werden und mittels unzähliger Testdrucke justiert werden. Mein bester Kumpel und ich sperrten uns von nun an jede Nacht in den Druckraum ein, um Farbprofile zu schreiben und anzupassen. Tagsüber arbeiteten wir an Kundenaufträgen, nachts spielten wir an unserem neuen Baby rum. Gefühlte 48 Stunden an nur einem Tag. Jeden Tag.

Wieder hatte ich mit dem Kauf die mediale Aufmerksamkeit auf mich gezogen und die ersten Aufträge für die neue Maschine ließen nicht lange auf sich warten. Von nun an konnten wir Transporter, Busse und XXL-Werbeflächen bedrucken. Als ein Bahnunternehmen aus der Nachbarstadt auf uns aufmerksam wurde, erhöhte sich das Druckvolumen auf nie kalkulierte Dimensionen. Ich konnte meinem Vater, der bei jeder meiner Entscheidungen sehr skeptisch war, endlich zeigen: Es hat sich gelohnt. Wir wurden bekannt als "Der XXL-Beschrifter im Vogtland".

[Promotionaktion zum Park- und Schlossfest 2012 in Greiz]

Omnipräsenz in meiner Stadt

Das Volumen der Aufträge stieg durch unser omnipräsentes Marketing. Immer wieder hörte man den Satz, man kann nicht durch die Kreisstadt fahren, ohne euer Logo und euer Marketing zu sehen. Klassische und konservative Werbeformen wechselten mit ausgefallenen Ideen. Eine Menge bedruckter Luftballons in der Stadt oder ein Fußbodenaufkleber mitten in der Fußgängerzone, aber auch Ruhe-Bänke mit Firmenlogo – alles Aktionen, die für mediale Aufmerksamkeit sorgten. Zum Park- und Schlossfest hatte ich sechs hübsche Models gebucht und sie in knallorangen Hotpants Flyer von der Firma verteilen lassen. War das provokant? JA – War das sexistisch? JA – Fiel es auf? Definitiv. Jeder meiner Kumpels hatte einen Heckscheibenaufkleber oder Sticker mit meiner Werbung am Auto, selbst ein guter Kumpel, dessen Schwester auch eine Werbeagentur hatte und unser direkter Marktbegleiter war. Ich glaube, ich brauche dir nicht zu sagen, dass das nicht gerade für den Familienfrieden und zur besseren Stimmung zwischen den beiden Firmen geführt hat. Als wir im Sommer im Café am Röhrenbrunnen Kaffee tranken, stand eine kleine Flotte mit Fahrzeugen direkt davor. Alle waren von mir gelabelt. "Der Täubert hat sich ganz schön entwickelt", hörte ich am Nachbartisch eine Dame sagen, die ich bis dahin nicht kannte. Ich hatte nun die Gewissheit, dass mein Marketing funktioniert. Jeder, der an Marketing und Werbung dachte, musste an uns denken. Vermutlich 48 Stunden an nur einem Tag. Jeden Tag.

[Erste politische Schritte als Gemeinderatsmitglied 2012]

Die Anfänge der politischen Laufbahn

Aber nicht nur Marketing für Firmen, auch im Bereich Wahlkampfmarketing kamen die ersten Wählergruppen auf uns zu, um Flyer, Plakate und Großflächen zu drucken. Denn es stand die Kommunalwahl an. Unsere Gemeinde Mohlsdorf hatte mit der Nachbargemeinde Teichwolframsdorf fusioniert und eine Landgemeinde gebildet. Hunderte guter Namen waren mir für die neue Gemeindestruktur eingefallen, aber unsere Entscheider hatten sich auf den Namen "Mohlsdorf-Teichwolframsdorf" verständigt. Bei den meisten Formularfeldern war bei 20 Zeichen Schluss, was nun regelmäßig zu Verwirrungen in der Postzustellung führte. Aber zurück zum Thema. 2012 standen Gemeinderatswahlen an und ich wurde gefragt, ob ich als Jungunternehmer bei den wirtschaftsnahen Freien Wählern antreten wolle. In der ersten Wahl, bei der ich für ein politisches Amt antrat, holte ich das drittbeste Ergebnis der Liste und war fortan im Gemeinderat unserer jungen Landgemeinde. Nun hatte ich die Liste meiner Ehrenämter um ein weiteres befüllt und war mit voller Leidenschaft für meine Gemeinde unterwegs. Ziemlich genau ein halbes Jahr war ich im Rat, als plötzlich bei einer Sitzung unser immer zuverlässiger Bürgermeister nicht zur Sitzung erschien. Von seiner Stellvertreterin erfuhren wir, dass er schwer erkrankt sei und sie nun die Amtsgeschäfte übernehmen musste. Wie ins kalte Wasser gestoßen, schlug sie sich tapfer und war von einem auf den anderen Tag hauptamtliche Bürgermeisterin in Vertretung. Zahlreiche Sitzungen meisterten wir gemeinsam ohne unsere Leitfigur und versuchten, alles in seinem Sinne weiter zu führen und zu entscheiden.

Auf einer Reise nach Mainz im Juni 2013 erfuhr ich nicht nur von den extrem anhaltenden Regenfällen in unserer Region, die zum Jahrhunderthochwasser führten. Auch eine weitere schreckliche Nachricht erreichte mich: unser Bürgermeister hatte seine schwere Krankheit nicht überstanden. Viel zu früh war er von dieser Erde gegangen. Für mich war er ein politisches Vorbild – ein Mentor.

Der traurige Rückweg dieser Reise wurde durch die zahlreichen Straßensperrungen verhindert und es wurde zu einer Tortur. Der Radiosender vermeldete, dass der Landkreis Greiz den Katastrophenfall ausgerufen hatte. In Greiz angekommen, war die Innenstadt nicht mehr passierbar. Überall stand das Wasser. Die Weiße Elster war über die Ufer getreten und hatte die Alt- und Neustadt überschwemmt. Geistesgegenwärtig hatten wir vor der Abreise – als das Hochwasser angekündigt wurde – die komplette Technik in unserem Büro in Sicherheit gebracht. Unseren Laden in der Greizer Brückenstraße konnte man nur von Weitem sehen. Zu hoch stand das Wasser in der Straße. Vor nicht einmal einem Jahr waren wir hier eingezogen. Möbel, Inventar und Lagerbestände – alles war futsch. Als am nächsten Tag das Wasser zurückging, wurde uns der Schaden zur Gewissheit. Etwa einen Meter hoch stand das Wasser im Büro. Aus jeder Steckdose lief Wasser, überall Schlamm. Alles war kaputt. Ich hätte weinen können, als ich meine Existenz so am Boden sah.

Große Müllcontainer wurden die Straße entlang gestellt und alles per Handarbeit entsorgt. Die Hilfe durch die Bevölkerung war unbeschreiblich. Alle halfen, packten an und machten sauber. An diesem Tag lernte ich unsere ehemalige Bundeskanzlerin Angela Merkel kennen. Sie hatte die Greizer Flutopfer besucht, schnelle Hilfe versprochen und symbolisch eine Schüssel in der Gastronomie nebenan gespült.

Als meine Betriebsleiterin Katja aus ihrem Auslandsurlaub zurückkam, hatten wir das komplette Büro ausgeräumt, alles entkernt und den Putz auf halber Raumhöhe abgeschlagen. Es muss für sie ein schrecklicher Anblick gewesen sein. War doch der kleine Laden ihr Werk und trug besonders ihre Handschrift.

[Hochwasser im Juni 2013 in Greiz]

Unser zweiter Standort in Mohlsdorf war nur leicht vom Hochwasser betroffen und hier konnten wir nach ein paar stromlosen Tagen wieder weiter arbeiten. In meinem sowieso schon viel zu engem Büro wurde schnell Platz für Katja geschaffen und sie zog bei mir ins Office ein. Die nächsten Wochen sollten wir uns einen Schreibtisch teilen und unsere Bindung wurde noch enger. Hatte sie meinen schweren Schicksalsschlag miterlebt, mussten wir nunmehr die zweite große Hürde gemeinsam meistern. Aber warum schreibe ich dir das? Viele denken immer, ich bin auf der Sonnenseite des Lebens geboren. Aber das ist nicht so. Ich musste immer wieder schwere Zeiten durchleben. Doch mein Motto gilt:

"Hinfallen darf man – aufstehen muss man."

Nach und nach bauten wir das Büro in Greiz wieder auf und bauten symbolisch die Wasserkante als neues grafisches Element in die Gestaltung ein. Schon bald konnten Katja und ihr Team wieder einziehen und ihre Kunden begeistern.

Bürgermeisterkandidat
für Mohlsdorf-Teichwolframsdorf

Noch während der Wiederaufbaumaßnahmen unseres Ladens wurde der Wahltermin für das Amt des Bürgermeisters in unserer Gemeinde bekannt gegeben. Am 22. September 2013 sollte die Wahl des Nachfolgers des viel zu früh verstorbenen Gemeindeoberhaupts stattfinden. Immer mehr und mehr Bürger sprachen mich an, ob ich mir diese Aufgabe nicht zutraute. Ich war und bin unserer Gemeinde total verbunden und wollte natürlich mithelfen, diese zu gestalten. Aber war ich schon reif genug dazu? Zu dem Zeitpunkt war ich 27 Jahre alt und gerade in der Entstehung meiner Selbstständigkeit. In einer gemeinsamen Sitzung der Freien Wähler Mohlsdorf wurde ich von einem Mitglied nominiert, während sich der Vorsitzende unserer Wählergruppe auch ins Spiel brachte und Unterstützung aus der Mitgliedschaft erhielt. Er selbst war schon zweimal in unserer Altgemeinde als Bürgermeister angetreten und unterlag immer dem kürzlich verstorbenen Bürgermeister. Nach einer internen Abstimmung wurde ich schlussendlich zum Kandidaten nominiert und mein interner Kontrahent als Kandidat für den ehrenamtlichen Ortschaftsbürgermeister. Es folgte eine anspruchsvolle Wahlkampfzeit, denn es hatten sich weitere 4 Kandidaten um den Chefsessel im Gemeindeamt beworben. Die CDU schickte einen Geschäftsführer eines Instituts aus unserer Stadt mit Doktortitel ins Rennen, während die SPD einen relativ unbekannten Angestellten des Landratsamts nominierte. Die andere wirtschaftsnahe Wählergruppe sprach die langjährige Bauverwaltungsangestellte als Kandidatin an, währenddessen aus der Ortschaft Teichwolframsdorf ein Einzelbewerber und Malermeister, der aus meiner Sicht eine realistische Chance hatte. Vier Bewerber aus der Ortschaft Mohlsdorf und einer aus der Ortschaft Teichwolframsdorf. Da hatte man einen gewissen Lokalpatriotismus unterstellt und den Einzelbewerber weit vorne gesehen. Das mediale Interesse war auf jeden Fall geweckt und die Mischung der Kandidaten machte die Wahl sehr spannend. In einem Wählerforum der Tageszeitung musste ich zum ersten Mal vor rund 250 Einwohnern sprechen und übte schon meine Rhetorik. Aus heutiger Sicht war der Vortrag schrecklich, aber zum damaligen Zeitpunkt war ich wohl schon überzeugend. Voller Energie sprach ich davon, frischen Wind in unsere Landgemeinde zu bringen und aus dieser eine "Mitmachgemeinde" zu entwickeln. Aber was stellt man sich darunter vor? Ein Konzept mit mehr Mitbestimmung für die Bürger? Stärkerer Fokus auf Ehrenamt und auf die, die sich aktiv einbringen wollen? Ich stellte mir vor, unsere Gemeinde zum Leuchtturm der Region zu entwickeln, in der man gerne lebte und sich gerne engagierte. Eine Gemeinde, in der man gerne alt werden möchte und dabei unterstützt, den nachfolgenden Generationen etwas zu hinterlassen. Mein aufwendiges Marketingkonzept, bestehend aus Flyern, Plakaten, Bannern, Werbeartikeln, Website und Social-Media-Auftritt, zeigte allen rund 5.000 Einwohnern meine Vision. Leider – oder vielleicht auch gut so – waren viele Wähler noch nicht bereit für diesen frischen und jungen Wind. Bei der Wahl landete ich mit einem guten Ergebnis jedoch auf dem undankbaren dritten Platz. In der Stichwahl 14 Tagen später lag die Verwaltungsmitarbeiterin, mit ihrer Berufserfahrung, dann schlussendlich vor dem CDU-Kandidaten und folgte den großen Fußstapfen, die ihr Vorgänger hinterlassen hatte. Auch mein Wählergruppekollege unterlag in der Wahl zum Ortschaftsbürgermeister dem CDU-Kontrahenten.

Jetzt hieß es Wunden lecken und zusammenstehen, da bereits im Frühjahr im Folgejahr die regulären Kommunalwahlen anstanden. Leider war dieser Zusammenhalt nach der erfolglosen Wahl in unserer Gruppe für mich nicht mehr spürbar. Gerne wollte ich mich auch kommunal-

[Marketingpaket zur Bürgermeisterwahl 2013]

politisch im Landkreis einbringen und für die Kreistagsliste kandidieren. Da die Freien Wähler hier keine Liste stellten, entschloss ich mich, die Wählergruppe zu verlassen. Bei der anstehenden Kommunalwahl stand ich dann auf einem nicht lukrativen Kreistaglistenplatz bei den Christdemokraten. Enttäuscht von der Entscheidung über diesen war mir dieses Gefühl nicht unbekannt und ich entschloss mich, mit entsprechendem Marketing dies auszugleichen. Um mich in der Gemeinde einzubringen, kandidierte ich nicht nur für den Gemeinderat, sondern auch für den Ortschaftsbürgermeister und den Ortschaftsrat. Insgesamt 10 Kreuze konnte man auf vier verschiedenen Wahlzetteln für mich machen. Die Wähler nutzten das zahlreich und somit zog ich nicht nur in den Kreistag ein, sondern saß auch wieder im Gemeinderat. Bei dieser Wahl zählten die meisten Stimmen für mich und ich wurde in der nächsten Sitzung zum Beigeordneten (stellvertretenden Bürgermeister) unserer Landgemeinde gewählt. Ebenfalls erfolgreich verlief die Wahl zum Ortschaftsbürgermeister von Mohlsdorf. Es war für mich ein ganz besonderer Tag – an diesem Tag folgte ich meinem politischen Vorbild – dem viel zu früh verstorbenen Bürgermeister. Wir erinnern uns, ich spreche von dem Mohlsdorfer Bürgermeister mit dem Alpenveilchen zur Eröffnung meines Business: "Täubert, hast du eine Meise? So eine Werbeagentur auf dem Dorf. Das kann doch nicht funktionieren. Aber du wirst das schon irgendwie machen." Ich hatte Tränen in den Augen, als ich im Gemeindeamt auf dem Aushang die Wahlergebnisse zur Kenntnis nahm.

Ich glaube, ich brauche nicht zu erwähnen, dass die beiden Wahlkämpfe nicht nur viel Erfahrung und mediale Aufmerksamkeit brachten, sondern auch ziemlich viel Energie kosteten. Auf dem Weg dorthin hatte ich das ein oder andere Ehrenamt aufgesammelt und mein Hamsterrad drehte sich ein kleines Stück schneller. Außerdem verlor ich in der Zeit teilweise den Fokus auf das Business und kann dir nur den Rat geben: Konzentriere dich auf das, was dir Spaß macht und auf das, was du erreichen willst. Die Gemeinde oder ich waren noch nicht reif genug für das neue Konzept der Mitbestimmung und so entschloss ich mich, diese Idee in meiner Firma umzusetzen. Ich war davon überzeugt, dass dieses System der Mitbestimmung und des Engagements auf eine Herde junger Kreativer anwendbar sei. So startete der Umdenkprozess in meiner Werbeagentur.

Inzwischen installierten wir im kleinen Büro in Greiz vier Schreibtische und berieten unsere Kunden gleichzeitig. Währenddessen zog im ehemaligen Lagerraum eine Stickmaschine ein. Knapp 1.000 Stiche pro Minute stickte die Maschine für unsere Kunden Logos in Arbeitskleidung oder Vereinsbedarf. Der Raum ist mit Ware immer gut gefüllt und fast täglich verließen Einzelstücke, aber auch komplette Serien unsere kleine Produktion. In der Mohlsdorfer Produktionsstätte stapelten sich unterdessen die Materialien und die Maschinen bis unter die Decke. Eine neue Direktdruckmaschine machte es uns möglich, Werbeartikel wie Feuerzeuge, Kugelschreiber und Zollstöcke direkt zu bedrucken. Mit dieser Maschine schlossen wir die letzte Lücke der Werbetechnik und konnten ab sofort alles inhouse produzieren und vor allem schnell reagieren. Jeder Raum im Haus wurde als Lager ausgenutzt. Vom Keller bis zum Dachboden war überall die Firma. Auch die Büros wurden voller und voller und die Arbeitsbedingungen wurden anspruchsvoller. In der mittleren Etage wohnte ich. Freizeit gab es nicht. Ich war früh der Erste und spät nachts der Letzte in der Firma. Einen Tag frei gab es selten. Beim Verlassen der Wohnung traf ich Kollegen im Hause, die "nur mal schnell eine kurze Frage hatten". Das endete dann meist in einem vollen Arbeitstag oder im Versäumnis privater Termine. Ich war total im klassischen Unternehmer-Hamsterrad gefangen. Von innen sah es aus wie eine Karriereleiter zum Erfolg. Aber es drehte und drehte sich: 48 Stunden an nur einem Tag. Jeden Tag.

[Durch den XXL-Druck wuchs die Auftragslage
und im Gegenzug verringerte sich der Platz]

Wie ich neben dem beruflichen Hamsterrad die Liebe meines Lebens fand

Glaube mir: Der Zustand des ständig schneller werdenden Hamsterrads ist vor allem extrem schädlich für das Beziehungsleben. Umso mehr überrascht dich vielleicht jetzt auch die Tatsache, dass ich online jemanden kennengelernt hatte. Mir war Nadine schon auf der Kirmes bei uns im Ort aufgefallen. Am Vormittag holte sie noch gemeinsam mit einer Freundin T-Shirts mit dem Aufdruck "Spielermama" ab und am Abend durfte ich ihr Barmann sein, als ich ehrenamtlich beim Sportverein am Ausschank behilflich war. Diese Begegnung sollte noch für viele Lacher in der Zukunft sorgen. Während Nadine noch voll in Feierlaune war, hatte ich die Nase voll und wollte einfach nur Feierabend machen. Ich hatte auch nicht wirklich daran geglaubt, an diesem Abend die erste Begegnung mit meiner zukünftigen Frau zu haben. Inzwischen hatte ich durch eiserne Disziplin insgesamt 60 Kilo abgenommen und war für die Frauenwelt wohl etwas interessanter geworden. An diesem Abend hatte Amor jedoch sein Ziel verfehlt. Es gibt im Leben keine Zufälle und so traf ich sie an einem der nächsten Tage auf einer bekannten Datingplattform wieder. Ein paar virtuelle Grüße und Nachrichten gingen durchs Netz, obwohl wir räumlich nur wenige Kilometer entfernt waren. Vor dem nächsten Treffen lagen nicht nur anstrengende Tage in der Firma, sondern auch noch eine Dienstreise als Bürgermeister in unsere Partnergemeinde Selters (Taunus) in Hessen. Am Abend der Rückreise trafen wir uns im Tiergehege Waldhaus. Während ich trockenes Brot für die Tiere dabei hatte, mangelte es an einem Regenschirm, der

[Nadine ist bei politischen und öffentlichen Terminen häufig an meiner Seite]

bei plötzlich einsetzendem Starkregen durchaus sinnvoll gewesen wäre. Der Ort des Treffens war natürlich nicht willkürlich gewählt, denn nicht nur Nadine, sondern auch das Tiergehege waren mir ans Herz gewachsen – hatte ich erst kürzlich einen Förderverein für selbiges gegründet. Wenn du dich jetzt fragst: "Häää, warum das?"

Das Tiergehege beherbergt nach wie vor zahlreiche Tiere und lädt vor allem bei schönem Wetter zum Spazieren gehen und als Naturlehrpfad für Kinder ein. Während die Stadt Greiz Träger des Geheges ist, gehört die angrenzende Ortschaft Waldhaus zu meinem Gemeindegebiet. Die Grenze läuft genau durch das Gehege von Hirsch Heinrich, der das Wappentier darstellt. Durch Konsolidierungsmaßnahmen im städtischen Haushalt von Greiz wurde die Schließung des Tiergeheges diskutiert und es geriet auf die mögliche Streichliste eines großzügigen Maßnahmenkatalogs zur Sicherstellung der Finanzen unserer Kreisstadt. Immer wieder gerieten wir als Gemeindeverwaltung in den Fokus, uns an den Kosten zu beteiligen. Dies war jedoch in der Phase der Haushaltssicherung nicht möglich. Bei uns waren ebenfalls sogenannte freiwillige Leistungen zu reduzieren und auf den Prüfstand zu stellen. Während besorgte Bürger vor dem Rathaus zur Greizer Stadtratssitzung mit großen Transparenten ihren Unmut über die diskutierte Schließung zum Ausdruck brachten, schmiedete eine kleine Gruppe einen anderen Plan. Ziemlich spontan rief ich auf, uns zusammenzusetzen und über die Gründung eines Fördervereins nachzudenken. So wurden aus besorgten Eltern plötzlich begeisterte Ehrenamtliche. Sie engagierten sich als Vorstand oder Kassenprüfer und gaben das Versprechen sich im Verein einzubringen. Ich wiederum versprach für zwei Jahre den Vorsitz im Vorstand zu übernehmen. Wir wollten nicht jammern, sondern handeln. Bereits zwei Wochen nach dem ersten Treffen gründeten wir den Förderverein Waldhaus mit dem Vereinszweck, nicht nur das Tiergehege, sondern auch die Ortschaft Waldhaus zu gestalten und zu entwickeln. Ziemlich schnell wuchs der Verein an und zählte bereits nach einem Jahr rund 70 Mitglieder, davon zahlreiche Kinder und auch drei Vereine. Ich möchte jetzt nicht behaupten, dass wir durch die Gründung die Schließung verhindert haben, aber ich bin sicher, wir haben eine Lobby gebildet, gegen die die Entscheidung noch schwerer fallen würde. Fortan machten wir verschiedene Spendenaktionen, finanzierten Zaun und Spielgeräte und verbesserten die Vermarktung von Waldhaus. Bei mir sind Erkenntnisse gereift, die du auch super auf dein Unternehmen anwenden kannst. Wie für Waldhaus brauchst du bei Projekten ein Netzwerk an aktiven Menschen, die möglichst genau so wie du für ein Thema brennen und auf das gleiche Ziel einzahlen. Dabei sind Freude und Leid ein ähnlich großes Zugpferd. Außerdem musst du für deine Idee deine Öffentlichkeitsarbeit, also dein Marketing, so hoch fahren, dass keiner mehr an dir vorbei kommt.

Aus zwei Jahren wurden dann sechs Jahre und ich bin froh, dass Nadine nicht nur in den Verein eintrat, sondern auch meine Aufgabe als neue Vereinsvorsitzende übernahm. Wie du diese ehrenamtlichen Aufgaben wieder los wirst, erfährst du in dem Kapitel "Zeitmanagement". Aber zurück zu unserem Date. Bei strömendem Regen unter der Überdachung am Futterhaus in Waldhaus. Nadines Hoffnung auf den Liebesengel Amor blieb an diesem Abend aus. Am nächsten Freitag zur „Frauen-Shopping-Nacht" in Greiz sollte sich das ändern. Nachdem ich die nächsten Wochen in einer ziemlich engen Neubauwohnung gemeinsam mit ihr und den beiden Kids verbracht habe, lernte ich wieder das Leben und auch das Lieben. Hatte mich Robin in der ersten Nacht noch liebevoll als "Einbrecher" und "Duschbaddieb" bezeichnet und Svenja eher das Papakind war, so gewöhnten wir uns extrem schnell aneinander und genossen die gemeinsame Zeit. Der Alltag kehrte ein und die Tage wurden wieder strukturierter. Gemeinsames Frühstücken und nach dem Arbeiten wieder ein gemeinsames Abendessen war für mich völlig ungewohnt geworden und jetzt plötzlich wieder Normalität. Es war wunderbar, ein intaktes Familienleben zu haben, auch wenn es anfänglich noch schwer fiel, die Autorität bei den Kindern durchzusetzen. In der Woche hausten wir somit in der engen Wohnung, während sich vor allem die Kids auf den kurzzeitigen Umzug am Wochenende ins Haus nach Mohlsdorf freuten. Ziemlich schnell entschlossen wir uns dazu, die Wohnung aufzugeben und komplett nach Mohlsdorf ins Haus zu ziehen. Warum haben es diese Details in das Buch geschafft, welches ich für dich geschrieben habe? Ich möchte dir damit zeigen, dass es nach jedem moralischen Tief – und du wirst mir bestätigen, mein Tief war ein gewaltiges – auch wieder ein Hoch kommt und du wieder lernen musst zu leben. Auch wenn es mir nicht leicht gefallen ist, mich wieder zu öffnen und vor allem jemand Neues in die mir vertrauten 4 Wände zu lassen: Es war an der Zeit. Ab dem Zeitpunkt ging es nicht nur familiär, sondern auch unternehmerisch wieder deutlich bergauf. Ich bin davon überzeugt, dass die persönliche Stimmung einen unwahrscheinlichen Einfluss auf das Business hat. Du musst es schaffen, Beruf, Familie und dich selbst ins Gleichgewicht zu bringen. Dieser Moment war der Anfang für diese Entwicklung, die ich dir später noch ausführlicher beschreibe. Ich sage immer: "Du bist deines eigenen Glückes Schmied." Werde dir dessen bewusst und denke jeden Tag daran. Am besten 48 Stunden an nur einem Tag. Jeden Tag.

DAS RICHTIGE MINDSET

Du musst Entscheidungen treffen: im Business und auch privat

Du musst offen sein für neue Ideen
– diese gestalten und umsetzen

Es war an einem Sonntagmorgen. Mein Kumpel Silvio war zum Brunch bei uns. Wie immer, wenn wir aufeinander trafen, fachsimpelten wir über die eine oder andere Idee. Zugegeben, manche davon waren sehr weit hergeholt und auch schwer umzusetzen, aber genau das reizte uns immer. Silvio und ich waren auf der gleichen Realschule und ich muss gestehen, zu Schulzeiten konnten wir uns nicht sonderlich gut leiden. Schon früher war er ein Alphatierchen und wenn zwei gleicher Gattung aufeinander treffen, dann knallt es halt immer mal. Umso gespannter war ich, als ich erfuhr, dass er auch die berufliche Richtung im Marketing einschlug und für verschiedene Verlage als Anzeigenleiter arbeitete. Später trafen wir uns irgendwann wieder, entdeckten viele gemeinsame Interessen und setzen die ersten beiden Projekte zusammen um. Er lebte meistens in seiner neuen Heimat in den alten Bundesländern und ich eben hier im Vogtland. Nicht nur bei ihm im Verlagsgeschäft, sondern auch bei mir war durch einen neuen Markt das Angebot in eine Schieflage geraten. Durch die heute gut bekannten, damals aufkommenden Online-Druckereien fielen zahlreiche Aufträge weg und die Preise für Flyer und Plakate landeten im Keller. Wir mussten uns beide auf neue Situationen einstellen und neue Wege gehen. So entschlossen wir uns, mit Veranstaltungen den ausbleibenden Umsatz auszugleichen und ein neues Geschäftsfeld zu erschließen. Wir stellten uns eine Messe vor, auf der regionale Händler ihr Angebot präsentieren könnten und Käufer die Möglichkeit hätten, die Vielfalt der Firmen aus ihrer

Region kennenzulernen. Eine Gewerbeschau gab es schon einmal und wir entschlossen uns, das Konzept und das Motto zu ändern. Welche Zielgruppe war wohl in unserer schönen Stadt am meisten vertreten? Das reifere Publikum. Schnell war klar: Wir machen eine Seniorenmesse. Silvio im schwäbischen Böblingen und ich im vogtländischen Greiz. "VoSenio – die Seniorenmesse" der Name war schnell gefunden, um den Bezug zum Vogtland herzustellen. Das Logo wurde erstellt, die ersten Flyer gedruckt und verteilt. „Hey, ich bin doch kein Senior?", begegnete mir gleich der erste Grauhaarige, dem ich den Flyer in die Hand drückte. Aus meiner Sicht die absolute Zielgruppe. Er war anderer Meinung.

Wir mussten unser Konzept überdenken. "VoSenio – die Generationenmesse" mit dem Zusatz "Fit bis ins Alter" überzeugte deutlich mehr bei den ersten Testpersonen und unter diesem Motto setzten wir unsere Planung fort. Was lernen wir daraus? Du musst die Sprache deiner Zielgruppe sprechen ohne voreilige Vorwegnahme. An alle Busunternehmer, die dieses Buch lesen: Glaubt mir, niemand steigt gerne in einen Bus mit der Aufschrift "Seniorenreisen".

Aber zurück zu unserer Messe: Von der Idee konnten wir etwa 50 Aussteller begeistern, daran teilzunehmen und wir entschlossen uns einige zu animieren, insgesamt acht Fachvorträge auf einer kleinen Bühne zu halten. Einige Live-Vorführungen rundeten das Programm ab und die lokale Presse wurde als Medienpartner gewonnen. Natürlich konnte es mein Freund Silvio nicht lassen, beim Anzeigenleiter der Mediengruppe anzurufen und zu lästern, warum diese sich von der kleinen Werbeagentur das Messegeschäft wegnehmen ließen. Die Planung der Messe schritt immer weiter voran und nicht nur das Volumen, sondern auch der Aufwand und das Risiko stieg mit jeder Anmeldung und jeder unserer Ideen.

In Abwägung dieser Ungewissheiten und beim Blick auf meine Gewerbeanmeldung hatte ich festgestellt, dass ich zwar eine Werbeagentur, aber keine Veranstaltungsagentur war. Kurzerhand entschloss ich mich, genau diese zu gründen. So entstand die Firma Täubert-Concept über Nacht und in der Planungsphase der Messe, aber noch ohne einen

Auftrag. Meine Freundin Nadine, die mich bei der Organisation von Anfang an unterstützte, fasste es gewohnt nüchtern zusammen: "Du gründest gerade eine Firma, ohne zu wissen, ob es funktioniert und bist eigentlich damit schon Pleite, bevor du begonnen hast". Ich mag ihre vernünftige Zurückhaltung in Verbindung mit meinen verrückten Ideen. Aber irgendwie setzten sich meine Vorhaben immer durch und so wurde die Veranstaltung wie geplant durchgezogen. Ich konnte vier Premiumpartner begeistern, einen großen Betrag in Vorleistung zur Messe beizusteuern und dafür waren sie mit ihrem Logo auf allen Drucksachen vertreten. Es galt der Grundsatz: „Erst Vertrieb und dann Betrieb." Erst einmal den Cashflow generieren und dann investieren. Klar war es schwer, ein völlig unbekanntes neues Format in die Köpfe zu bringen. Durch unzählige Presseartikel, Plakate, Radiowerbung, Flyer, Werbeartikel, ein Messemagazin und vieles mehr – kurzum, das Logo sah man überall – konnten wir ein riesiges Interesse wecken. Selbst die immobilen Bürger holten wir mit extra eingerichteten Busrouten, die wir finanzierten, von zu Hause ab und begleiteten sie zur Messe. Von 11 bis 17 Uhr pilgerten hunderte Besucher in die Vogtlandhalle und auf unsere Messe. Ich war überglücklich über diesen Erfolg und meine Lust an der Messeorganisation war geweckt.

Ein anstrengender Messesonntag lag hinter uns. Am Montag lag uns die Erschöpfung noch sichtlich in den Knochen, als im Ladengeschäft in der Brückenstraße plötzlich die Tür aufging. "Sind Sie der Herr Täubert?", betrat ein älterer Mann das Büro und platzte direkt bis zu meinem Schreibtisch an den Mitarbeitern vorbei. "Ja, das bin ich", entgegnete ich etwas verwundert.

"Ich möchte mich noch einmal bei Ihnen persönlich bedanken. Gestern war einer der schönsten Tage. Sie haben mir und meinen Bekannten einen unvergesslichen Tag bereitet", lobte er unsere Idee und die Durchführung unserer Messe.

Du glaubst gar nicht, wie zufrieden ich mit dieser Aussage war und mein Tag war gerettet. Aus einer Idee beim Brunch war ein neues Format entstanden, dass nicht nur für einen finanziellen Geschäftsausgleich sorgte, sondern eine Bereicherung im Veranstaltungsplan unserer Region darstellte. Was will ich dir mit dieser Story sagen? Du musst Ideen haben, auch mal spinnen, dabei musst du an dich und an die Idee glauben. Das Wichtigste ist jedoch: Umsetzen.

Umsetzen, auch wenn es manchmal schwierig wird und der Tag 48 Stunden haben könnte. Auch wenn du hart arbeiten musst. 48 Stunden an nur einem Tag. Und das mehrere Tage.

Manche Entscheidungen sollten gut überlegt sein

Diesen Absatz möchte ich dem Thema widmen, dass du dir manchmal eine Entscheidung noch einmal überlegen solltest und gerade Projekte durchdenken solltest, die von deinem Kerngeschäft abweichen. Kurzum: Investiere nicht in Ideen, die von deiner Positionierung abweichen oder aus der Emotion entstanden sind. Ich möchte dir das gerne an einem Beispiel aus meiner Geschichte schildern, bei dem ich zu einem Stehimbiss in Greiz gekommen bin. Wir hatten eine Messeveranstaltung in der Greizer Vogtlandhalle mit ca. 1.000 Besuchern geplant und durchgeführt. Die gastronomische Versorgung in der Stadthalle war mehr als abwechslungsreich. Caterer dort wechselten wie damals meine Geschäftsideen. So kam es, dass kurz vor der Messe der Gastronom wieder einmal das Handtuch warf und wir mit der Versorgung der Gäste alleine gelassen wurden. Kurzerhand entschloss ich mich, eine mobile Cafébar zu bauen und das Catering mit Kaffee und Snacks selbst zu organisieren und durch mein Team betreiben zu lassen. Jetzt bin ich kein Gastronom und schätze den Verbrauch schlecht ein. Schließlich war die Messe mit 1.700 Besuchern sehr gut besucht. Dennoch blieb ich auf etwa 200 Bockwürsten sitzen, die nicht verkauft wurden. Jetzt mag man mir eine gewisse Kreativität nachsagen, aber nach Bockwurst klassisch im Brötchen, Bock-Ei, Wurst im Auflauf mit Nudeln, als Wurstgulasch zu Nudeln und so weiter – es wird irgendwann öde, diese selbst zu verzehren. Außerdem hatte ich bei jeder Veranstaltung die Sorge, es könnte nicht genug Ware da sein. Einmal hatte ich zu wenig Ware, das nächste Mal war zu viel übrig. Mich nervte es einfach. Aus dieser Stimmung heraus hatte ich nachts mal wieder nicht schlafen können und schaute bei Ebay Kleinanzeigen nach aktuellen Anzeigen. Auf einmal sah ich, dass in unserer Stadt der Imbiss „Pausenengel" einen neuen Betreiber suchte. Die ehemalige Besitzerin kannte ich aus alten Zeiten und sprach sie direkt an, ob sie mir nicht den Imbiss verkaufen wolle. Mein Papa sagte immer: "Wer nichts wird, wird eben Gastwirt und wem das nicht passt, der bleibt halt Gast." Ein kleines Problem gab es da noch: Kurz vorher war ein Auto in den Imbiss gerast und hatte die Hälfte vom Anbau zerstört. Aber das hielt mich nicht davon ab, es dennoch zu versuchen. Ich hatte zwar kein Personal, aber war voller Motivation, ein kleines zweites Standbein aufzubauen. Als Küchenfee dachte ich an meine Mama, die ja wohl – man beachte meine Figur – perfekt kochen konnte. Ich stellte ihr die Idee vor und sie war nicht abgeneigt in einer Phase, in der es bei ihrem Arbeitgeber einen Generationswechsel geben sollte und alles recht ungewiss war. Während ihres Urlaubs wollte sie sich Gedanken dazu machen und die Idee reifte in mir. "Coole Sache", dachte ich mir und entschloss mich, den Imbiss zu übernehmen und dort ein neues Konzept zu etablieren. Ich sagte der ehemaligen Inhaberin direkt zu. Als meine Mama aus dem Urlaub zurückkam, berichtete sie stolz von den Ausflügen und davon, dass sie es sich überlegt hatte und lieber in ihrem Job bleiben würde. Bitte was? Damit hatte ich ja nun gar nicht gerechnet und eine neue Herausforderung bahnte sich an. Ich hatte nun einen Imbiss, ein Konzept und kein Personal. "Klasse", dachte ich mir und ging auf die Suche. Durch die ehemalige Inhaberin konnte eine Köchin gefunden werden und schon bald gingen wir in die Planung. Das defekte Vorhaus bauten wir wieder auf und richteten die Küche ein. Eigentlich rissen wir so ziemlich alles heraus und ersetzen es durch eine neue Küche. Den Hinweis der alten Chefin "Ihr braucht nur einkaufen und dann kann es direkt losgehen", sah dann doch die Lebensmittelüberwachung des Landratsamtes etwas anders und forderten ein paar Umbaumaßnahmen. Schlussendlich haben wir nach einer kurzen Umbauphase unter dem neuen Logo "Ess-Kurve" – der Imbiss

[Eröffnung Imbiss Ess-Kurve am 3. September 2018 in Greiz]

befindet sich genau in der Kurve an der Bundesstraße durch Greiz – eröffnet. Wir passten das Marketing an, schufen eine Website und einen Social-Media-Auftritt und überarbeiteten das Speisenangebot.

Deftiges Frühstück, jeden Tag wechselndes Mittagsangebot und leckere Burger bieten nicht nur Handwerkern, sondern auch Touristen des angrenzenden Greizer Parks ein abwechslungsreiches kulinarisches Angebot. Jetzt genug der Eigenwerbung, gilt nur noch zu sagen: Wer einmal in Greiz ist, sollte zum Schlemmen eines leckeren Burgers an der Ess-Kurve vorbeischauen. Jeweils am ersten Freitag im Monat ist "Burger Friday", an dem es auch am Abend eine leckere Auswahl gibt.

Inzwischen betreiben wir die Ess-Kurve seit fünf Jahren und obwohl es überhaupt nicht in mein Kerngeschäft passt, ist es eine tolle Abwechslung zur eigentlichen Arbeit. Man trifft hier Handwerker und damit auch Kunden, hat ein gefülltes Lager mit Lebensmitteln für Events und sein eigenes Servicepersonal, welches wiederum bei den Veranstaltungen teilweise mit unterstützt. Dennoch musste ich feststellen, dass es lediglich ein zweites Standbein ist. Du wirst diesem nie die gleiche Aufmerksamkeit schenken wie deinem eigentlichen Business. Daher mein wirklich ernst gemeinter Tipp, falls du so etwas vorhast: Mache es erst, wenn dein Hauptgeschäft ohne dich läuft. Bis dahin: Lasse die Finger von solchen Ideen. Es ist zwar cool und einige werden dir den Vogel zeigen oder dich beneiden. Es raubt dir aber gerade am Anfang die Zeit, die dir vermutlich sowieso gerade fehlt. Daher lass es sein.

Starte erst dein zweites Business, wenn dein Hauptgeschäft ohne dich läuft.

[Partykulisse zur ersten Beachparty 2019 in Greiz]

Selektive Wahrnehmung beachten und Trends erkennen

Zum Thema Mindset gehört für mich auch immer wieder, Entscheidungen zu treffen. Ich bin davon überzeugt, dass wir unseren Erfolg auch schnellen Entscheidungen und dem Mut, etwas zu wagen zu verdanken haben. Oft denke ich dabei an die Durchführung unserer Beachparty am Elsterufer in Greiz. Alle sprechen immer von der wahnsinnig schönen Kulisse der Greizer Schlösser. Ich werde dir nicht zu viel versprechen, wenn ich sage: Greiz ist eine Reise wert. Wir haben nicht nur im direkten Umland mit der Göltzschtalbrücke die größte Ziegelsteinbrücke der Welt, die das Vogtland verbindet, sondern die Fürsten haben Greiz auch wunderschöne Schlösser geschenkt, die eine märchenhafte Ansicht bieten. Dieses Flair wollten wir nutzen, um eine Party mit Strandcharakter zu schaffen. Durch intensive Gespräche und einem langem Atem gelang es uns, die behördliche Genehmigung für unser Event zu bekommen. Ein befreundetes Unternehmen schüttete zwei LKW-Ladungen Sand auf den Parkplatz, wir verteilten diese fleißig und zauberten daraus einen "Elsterbeach" mit Bars, Spaß und Spiel für Jung und Alt. Fast wäre die Veranstaltung durch den Anstieg der Elster sprichwörtlich ins Wasser gefallen. Am Tag der Veranstaltung erhielten wir die behördliche Meldung: „Sollte der Pegel noch weitere 10 Zentimeter steigen, ist das Festgelände zu räumen!" Immer mit einem Auge auf den Pegel führten wir die Party durch und boten den Greizern eine unvergessliche Veranstaltung.

Als wir in der Nacht bzw. am nächsten Morgen das komplette Gelände räumten, fiel die Entscheidung, in neue Barwagen zu investieren und unser Equipment weiter auszubauen. Heute haben wir nicht nur mehrere Hüpfburgen, einen Barwagen, einen Snackwagen und einen Kühlanhänger – wir können ein komplettes Event mit eigener Technik ausstatten. Selbst einen eigenen DJ haben wir inzwischen eingestellt. Dazu später im Kapitel über Mitarbeiterfindung mehr. Bemerkenswert war, dass vor allem im Nachgang zahlreiche Menschen zu uns kamen und davon berichteten, auch schon einmal die Idee einer Beachparty am Elsterufer gehabt zu haben. Der einzige Unterschied: Sie hatten sich bisher nicht getraut. Das genau ist mein Impuls für dich: Du musst dich trauen, auch eine Entscheidung durchzuziehen. Selbst wenn es behördliche Hürden gibt und das Ziel im ersten Moment weit weg erscheint. Sei dir eines bewusst: Es wird auch viele geben, die dir diesen Erfolg nicht gönnen werden oder dich verspotten, wenn es dir beim ersten Mal nicht zu 100% gelingt. Da gibt es aus meiner Sicht nur eins. Trennungslinie ziehen, darüber treten und weitermachen. Andere wird es geben, die deinen Erfolg sehen und auf das galoppierende Pferd aufsteigen wollen. Sie haben sich vielleicht bisher selbst nicht getraut, sehen aber jetzt auf einmal, was daraus entstehen kann. Wobei ich diese Perspektive auch oft als selektive Wahrnehmung bezeichnen würde. Derjenige, der das Geschäft sehen will, der wird es sehen. Andere, die dir den Misserfolg vorher sagen, werden diesen suchen, finden und dir vorhalten. Man sieht das, was man sehen will. Das will ich dir an zwei Beispielen noch einmal verdeutlichen. Ich hatte die Idee, mir ein neues Auto zuzulegen. Beim Autohaus hatte ich einen Termin vereinbart und kam zum Probefahren. Dort standen zwei Autos in der Ausstellung. Ein weißer Neuwagen und ein grauer Jahreswagen, mit einer Farbe wie Grundlack, für den ich mich interessierte. Meine Freundin sagte: "Der Weiße ist schön, aber der Graue ist auch mal ausgefallen vom Farbton her". Ich hatte diese Farbe noch nie gesehen und war begeistert. Ich muss zugeben, ich bin nicht so der Autofanatiker. Es muss gut fahren und ein bisschen Extras haben, der Rest ist mir egal. Ich entschied mich für das Auto. Bei

CDU

Anpacken statt darüber zu reden!

Michael Täubert

Für Sie in den Kreistag

[Mein Motto „Anpacken statt darüber zu reden" gilt nicht nur in der Kommunalpolitik, sondern auch im Business.]

der ersten Fahrt vom Autohaus nach Hause kamen mir zwei Fahrzeuge entgegen mit exakt der gleichen Lackierung. "Das kann doch nicht wahr sein!", dachte ich mir. Aber woran lag es? Selektive Wahrnehmung. Du wirst das wahrnehmen, auf das du gerade achtest oder was in deinem Fokus liegt. Über das gleiche Phänomen berichten übrigens immer Paare, die einen Kinderwunsch haben oder gerade schwanger sind. Überall, wo man hinschaut, sieht man Babybäuche oder schiebende Kinderwagen. Sind da jetzt mehr unterwegs als sonst? Nein. Es handelt sich um selektive Wahrnehmung. Daher mein Tipp: Überlege dir, was dein Fokus ist und welche Eindrücke du in deinem Kopf lassen möchtest. Ich habe mich entschieden, nur noch positive Gedanken dorthin zu lassen. Jetzt könnte der eine oder andere sagen, ich bin gutgläubig und schaue nur noch durch die rosarote Brille. Nein, ich habe lediglich entschieden, mich nicht von negativen Wahrnehmungen beeinflussen zu lassen und diese nicht in meinen Fokus zu stellen. Ich bin davon überzeugt, dass negative Stimmung negative Gedanken und dadurch negative Handlungen und Situationen anzieht. Daher denke doch einfach positiv. Wenn ich ein leeres Büro sehe, dann denke ich nicht: "Oh, ist das Unternehmen pleite?" Ich denke: "Cool, der ist bestimmt so stark gewachsen, dass der Platz nicht mehr ausreichte und er umziehen musste". Dein eigenes positives Mindset bestimmt deine Handlungen.

Dennoch solltest du bei deiner eigenen Wahrnehmung meiner Meinung nach auch die Trends beachten. Ich denke da oft zurück an unsere Summernight-Party im Greizer Freibad. Wir machten uns richtig viele Gedanken über Cocktails und Partygetränke. Jede Menge verschiedene Drinks boten wir an und waren überrascht: Zu dieser Party war Wodka pur als Shots der Renner. Unzählige kleine Schnäpse gingen über die Bar von der alkoholischen Spirituose, die eigentlich nur zum Mischen geplant war. So lange, bis alles leer war und wir keine Shots mehr anbieten konnten. Um den Protest bei der nächsten Summernight im Folgejahr zu vermeiden, besorgte ich mir vier Kartons mit je sechs Flaschen Wodka. Dich wird es jetzt überraschen, aber bei dieser Party öffnete ich keine einzige Flasche überhaupt. Bereits nach einem Jahr hatte sich das Verhalten der Gäste und Kunden geändert und andere Getränke waren trendy geworden. Daher mein Tipp vor allem bei Events: Beachte die Trends und gehe nicht davon aus, dass das Verhalten der Gäste noch das gleiche im Folgejahr ist. Du musst ständig dabei sein, den Markt zu beobachten und es ist deine Aufgabe als Entscheider, nicht nur die Stimmung der Kunden zu erkennen, sondern auch deine Mitarbeiter auf neue Ideen zu konditionieren. Denke doch einmal darüber nach, in deiner Firma einen Trendmanager zu benennen, der deiner Zielgruppe näher ist als du. Er wird auch den Kult eher erkennen als du und wird sich stärker mit der Mode beschäftigen. Außerdem spart er dir Zeit zu recherchieren und dich damit zu beschäftigen. Vielleicht ist es genau die Leidenschaft deines Mitarbeiters. Frage doch einfach mal dein Team.

[Liebe geht durch den Magen – nicht nur mein Glücksgefühl, sondern auch der Zeiger meiner Waage, ging wieder nach oben.]

Die Entscheidung für die Liebe: Der Antrag

Du kannst noch so ein guter Entscheider in der Firmenwelt sein – das heißt nicht, dass es privat auch so ist. So hat sich bei uns immer mal wieder das Thema Hochzeit breit gemacht und wir haben erstmals darüber gesprochen, unsere Liebe mit dem Ring am Finger zu besiegeln. Beim ortsansässigen Juwelier hatten wir zumindest schon einmal Ringe für die Verlobung in Auftrag gegeben. Nadine und ich gingen dorthin, schauten und probierten zwei und entschlossen uns, diese zu kaufen. Mit der Verkäuferin hatte ich ausgemacht, dass sie mich informiert und mir das Zeichen gibt, wenn die Ringe fertig sind. Schneller als gedacht bekam ich sie und trug sie fortan in meiner Hosentasche, um auf den perfekten Moment zu warten. Doch wann ist dieser? Ich sage dir, den gibt es nicht. Heute weiß ich: Nichts im Leben ist perfekt – außer meine Frau.

Jetzt, nein, jetzt, vielleicht morgen oder besser nächste Woche? Woche um Woche verging, ohne dass ich den entscheidenden Moment gefunden hatte. Dann kam Silvester mit unseren Freunden in Breslau. Ein wunderschöner Abend bei einem 7-Gänge-Menü war gebucht. Mein späterer Trauzeuge war sogar dabei und am Tisch wollte ich Nadine an diesem Abend fragen, genau um Mitternacht mit Raketen am Nachthimmel. Im Restaurant trafen wir einen der Wirtschaftsweisen aus Deutschland, der bekannt aus Funk- und Fernsehen war, und sprachen den ganzen Abend über die Wirtschaft. Ich kann dir sagen: Das killt jede Romantik und jede liebevolle Stimmung. Kurz vor Mitternacht verließen wir das Restaurant, um das neue Jahr zu feiern. Aber was war los? War es wieder nicht der richtige Moment? Nein. Die Atmosphäre stimmte überhaupt nicht. Draußen auf den Straßen überall Dreck und Scherben, grölende und betrunkene Menschen, die Freunde ausgelassen um uns herum. Ich war nicht in Stimmung für den Antrag, obwohl Nadine ihn wohl an diesem Abend auch erwartet hatte. Ihre Enttäuschung konnte sie nicht verbergen und bescheinigte mir lautstark, dass sie damit – heute ungefragt nach Hause zu gehen – sichtlich unzufrieden war. Ja, jetzt erst recht nicht. Ich lasse mich doch nicht unter Druck setzen. Oder hätte man es jetzt doch machen sollen oder gar müssen? Die Gedanken kreisten und fuhren Achterbahn mit mir. Ich kam mit der Situation überhaupt nicht klar und schloss mich heulend wie ein kleiner Junge auf der Toilette ein. Was war denn los mit mir? Hatte ich Angst, dass sie nein sagt? Oder lag es daran, die Entscheidung überhaupt zu treffen? Ich weiß es nicht. Fakt war: An diesem Abend gab es keinen Antrag. Aus und fertig.

Es verging eine weitere Woche und ich hatte einen neuen Plan geschmiedet. Mein Vater – von Beruf Lokführer – hatte mich gefragt, ob ich nicht Lust hätte, ihn auf einen kurzen Trip nach Berlin zu begleiten. Natürlich mit dem Zug. Er würde am Sonntag einen ICE nach Berlin fahren und nach kurzem Aufenthalt wieder zurück. Ich hatte mich daran erinnert, dass unsere erste gemeinsame Reise mit Nadine und den Kindern damals nach Berlin führte. Vielleicht wäre das der perfekte Moment und ich sagte zu. Eine stressige und arbeitsreiche Woche verging und ich weckte Nadine am Sonntag völlig motiviert kurz nach sieben Uhr, um ihr die freudige Mitteilung zu machen: "Hey, jetzt geht's los!" Ich glaube, ich brauche dir nicht zu sagen, dass sie im ersten Moment gar nicht so begeistert von der Idee war. Wir setzen uns also ins Auto und fuhren nach Erfurt zum Bahnhof. Unzählige Fragen stellte sie mir auf dem Weg und meine Aufregung stieg. In Erfurt warteten wir dann am Gleis 2, was bei ihr für große Verwunderung sorgte. Als dann der Lokführer beim Einfahren in den Bahnhof grüßte, wurde ihr bewusst, wer den Zug steuerte. Es ging mit über 250 km/h auf die ICE-Neubaustrecke. Zwei Tickets in der ersten Klasse sicherten uns die Sicht durch die große Glasscheibe direkt auf den Führerstand, auf dem mein Dad saß. In Berlin angekommen, wussten wir, wir hatten 40 Minuten bis zur Rückfahrt. Der Weg vom Bahnhof, am Bundestag vorbei zum Brandenburger Tor war schnell geschafft und so standen wir wie einst zuvor mit den Kids vor der Berliner Sehenswürdigkeit und jetzt war der Moment. Menschen über Menschen waren rings um das Wahrzeichen, aber heute war es mir egal. Auch die kleine Demo ließ mich völlig kalt und ich wollte es jetzt durchziehen und ging vor Nadine auf die Knie. Ich holte die kleine Schachtel aus meiner Hosentasche, öffnete sie und als ich die magischen Wort sagen wollte, ertönte die laute Stimme einer Asiatin, die einen halben Meter neben mir stand: "Oh wow, hier wird gerade geheiratet" Oh man, du Hohlbirne. "Nein, hier wird ein Antrag gemacht! Geh weg, ich bin so schon aufgeregt genug" – forderte ich die Frau aus Fernost auf, meinen Plan nicht zu torpedieren.

Den Fokus auf die so wichtige Aufgabe gelegt, fragte ich nun kniend auf dem Pariser Platz "Willst du meine Frau werden?"

Nadine bejahte die Frage und die Aufregung fiel plötzlich von mir ab. Ich war so glücklich. Wir waren so froh und Nadine starrte noch minutenlang auf den Ring an ihrem Finger.

In meinem Rucksack hatte ich noch zwei Piccolo, um auf das JA-Wort zur Hochzeit anzustoßen. Jetzt mussten wir aber schnell los. Denn unser Zug Richtung Heimat ging in wenigen Minuten. Schnellen Fußes und ohne langen Aufenthalt in Berlin begaben wir uns zurück zum ICE, in dem mein Vater schon sehnsüchtig wartete und die freudige Botschaft als erster erfuhr. Ich war so froh, dass es zeitlich so passte und wir alles geschafft hatten. Mein Vater scherzte in seiner bekannten Art: "Ohne uns fährt der ICE heute hier nicht ab!". Auf ging es wieder mit Hochgeschwindigkeit Richtung Thüringen. Der Blick wechselte immer zwischen dem Ausblick auf die Strecke, dem Ring am Finger und Nadines begeistertem Lächeln. Wir waren so glücklich und ich freute mich, es endlich allen zu erzählen.

[Nadine kurz nach dem Antrag]

Beim Blick auf die ICE-Strecke flogen die Strommasten und die Häuser nur so an uns vorbei. Immer und immer schneller fuhr der Zug, als plötzlich von rechts ein Reh neben den Gleisen auftauchte und Richtung Schiene lief. Bammmmm. Kollision. Wir sahen durch die große Glasscheibe am Vater vorbei, wie sich die blutigen Teilchen an der Front vom ICE verteilten. Am nächsten Bahnhof hielten wir und mein Dad versicherte sich, ob es Schäden gab und leitete entsprechend seinen Vorschriften die Maßnahmen ein. Er berichtete uns später, dass die Strecke wohl danach zur Reinigung gesperrt wurde. In Erfurt angekommen, verabschiedeten wir uns von unserem guten Fahrer und betrachteten noch mal die Front vom ICE. In diesem Moment konnte ich mir den Witz nicht verkneifen, zu fragen, ob es Wildgulasch zur Hochzeit gibt.

Schon kurz nach der Rückkehr wurde das Datum festgelegt und wir begannen mit den Planungen zur Hochzeit.

Die Hochzeitsplanung – ein Auf und Ab der Gefühle

Nachdem der Termin zum JA-Wort auf den 20. Mai 2020 festgelegt und die organisatorischen Dinge wie Standesamt geklärt waren, ging es in die Feinplanung. Wir planten eine Polterhochzeit, weil wir uns nicht entscheiden konnten, welche Personen wir zur Hochzeit einladen sollten. Das heißt geplant war eine Trauung im Standesamt und anschließend nach einem Essen mit Familie und Trauzeugen eine große Party in der örtlichen Turnhalle mit DJ und Partystimmung. Es sollte rustikal sein und wir wollten keinen ausgrenzen. Schließlich heißt es bei einem Polterabend auf dem Dorf: "Da wird man nicht eingeladen – da geht man hin". Zugegeben, ich war bei zahlreichen dieser Abende dabei und hatte auch für den einen oder anderen Streich bei anderen gesorgt und hatte einen gewissen Respekt vor der Anzahl der Gäste und den Gemeinheiten, bei denen sich einige meiner Freunde rächen wollten. Schätzungen von Eltern und Freunden beliefen sich auf 300 Besucher zum Polterabend mit dem Hinweis meiner Mutter: "Schaffe nur ordentlich Bier ran, am besten du holst gleich einen Schankwagen!" Uns wurde ein bisschen mulmig, als der Tag immer näher kam. Dennoch wollten wir einige Gäste persönlich einladen und entschlossen uns, unseres Berufes getreu, für eine sehr kreative Einladung. Rustikal und ausgefallen sollte die Einladung sein. So bedruckten wir Bierdeckel mit einem kurzen Spruch, bohrten ein Loch hinein und steckten jeweils einen Luftballon hindurch. Auf dem Luftballon stand dann die Einladung zur Polterhochzeit darauf – natürlich wurde diese erst sichtbar, wenn man den Luftballon aufblies. Alles in einem Umschlag verpackt, erhielten zahlreiche Freunde diese persönliche Einladung. Einige jedoch nie. Denn gerade nachdem wir alles fertig hatten und die Planung abgeschlossen war, erreichte uns die Nachricht von möglichen Einschränkungen durch das Corona-Virus. Zu dem Zeitpunkt am Jahresanfang 2020 hatten wir selbst noch nicht an eine weltweite Pandemie gedacht, waren aber unsicher in der Planung geworden. Weitere Beschränkungen wurden auferlegt und eine Party mit ungeplanter Gästeanzahl wurde in Frage gestellt. Das erste Mal kullerten bei meiner Verlobten die Tränen, als wir gemeinsam das Konzept Polterhochzeit in Frage stellen mussten. Es war einfach zu ungewiss und immer weitere behördliche Anordnungen trafen Tag für Tag ein und zerstörten unseren Traum. Gemeinsam mit unseren beiden Trauzeugen, Nadines bester Freundin und meinem besten Kumpel – ebenfalls Michael – besprachen wir fast täglich die aktuelle Situation und entschieden uns schließlich, die große Party abzusagen. Ein sehr emotionaler Moment für uns alle. Es war jedoch nicht anders möglich. Da die Vorgaben, private Feiern im kleinen Rahmen durchführen zu können, weiter gegeben waren, beschlossen wir, die Feier nur im engsten Kreis zu machen und wir buchten in der Gaststätte in unserem Heimatort Mohlsdorf den Raum inklusive Feierlichkeit. Die Wirtin machte uns jedoch nicht viel Hoffnung und hatte auf den angekündigten Lockdown nur den Hinweis: „Ich glaube nicht, dass ihr 2020 heiratet". Wieder flossen Tränen und jeder Tag mit neuen Hinweisen war ein Wechselbad der Gefühle. Die Information über die Fertigstellung der Ringe: Freude. Die Info über den angewiesenen Lockdown: Ernüchterung. Jetzt die Meldung über die Lieferung von Hochzeitskleid und Anzug: Freude. Dann die Info, dass alle Wirtshäuser schließen müssen: Ernüchterung. Mittwoch wollten wir heiraten und am Samstag zuvor informierte mich die Chefin von der Gastwirtschaft, dass sie laut behördlicher Anordnung keine Festlichkeit ausführen könne. Die Stimmung war auf dem Tiefpunkt. Bei unserer Familie sagten wir die Hochzeit ab. Ich stürzte mich aus Frust in die Arbeit und lieferte noch ein paar Sachen an meine Kunden aus. Bei einem anderen

Gasthaus lieferte ich noch Hygienehinweise wegen der Pandemie und entschuldigte mich noch für die Rechnung, weil mir ja bekannt war, dass sie von nun an vorerst schließen müssen. Zwar unzufrieden über die Schließung berichtete die dortige Chefin von der Möglichkeit, zumindest auf der überdachten Außenterrasse ein bisschen Umsatz zu machen, weil diese wohl von der Regelung befreit wäre. "Kann man die auch für Hochzeiten mieten?", fragten wir sie und waren somit wieder in Stimmung. Küchenchef Oliver besprach mit uns, für die möglichen 15 Gäste ein kleines Buffet inklusive Wildgulasch zu zaubern und wir freuten uns, vier Tage vor dem Termin, unsere Eltern und Trauzeugen wieder einzuladen. Wow, was für Stimmungsschwankungen in dieser Zeit. Und es sollte nicht die letzte sein.

Auf dem Standesamt besprachen wir noch die letzten Details und erfuhren zum Termin eine neue Verordnung. Zur Trauung selbst dürften pandemiebedingt nur das Brautpaar, die Trauzeugen und die Familienmitglieder ersten Grades dabei sein. Allen anderen war der Zugang zum Standesamt in dieser Zeit nicht möglich. Das heißt, wir sollten meine Großeltern zur Trauung ausladen. Das Gespräch mit ihnen zerriss mir fast das Herz. Dabei entschieden wir: „Entweder sie sind dabei oder die Hochzeit findet nicht statt." Auch wenn mein Opa sonst manchmal kühl und abgeklärt wirkt, so war dieser Moment hoch emotional für ihn. Im erneuten Gespräch mit der Standesbeamtin half auch der Beziehungsbonus – man kannte sich ja durch zahlreiche Trauungen, bei denen ich als Fotograf dabei war – nichts und sie teilte uns mit, dass sie sich gegen diese Bestimmung nicht hinwegsetzen würde. Die einzige Möglichkeit der Teilnahme der Großeltern war, sie zu Trauzeugen zu machen. Aber wie erklärst du das den eigentlichen Trauzeugen? Jetzt war ich beim Gespräch von Nadine und ihrer besten Freundin nicht dabei, aber ich kann mir vorstellen, wie emotional das bei den Frauen gewesen sein muss. Das war bei mir deutlich leichter und dafür danke ich auch meinem Trauzeugen Micha, der die Lösung selbst erkannte, nachdem er den Hintergrund von mir erfahren hatte. Der nächste Gang war wiederum zu den Großeltern und während Nadine meine Oma fragte,

[Unsere Trauung in der alten Wache in Greiz]

Wenn sich zwei Hälften zu einer Kugel verbinden, dann ist
es wie in der Liebe. Wenn es nicht
zusammen passt, musst du leicht feilen.
Jedoch eines vergesst nie: Du solltest nicht an der anderen,
sondern stets an der eigenen Hälfte feilen.

durfte ich meinen Opa zum Trauzeugen ernennen. Welche Wendung für diesen so wichtigen Tag in unserem Leben und das nur drei Tage vor dem Hochzeitstermin. Wir gaben uns schließlich am 20. Mai 2020 wie geplant das JA-Wort.

Ein Zitat der Standesbeamtin hat mich besonders beeindruckt und geprägt, als sie die Geschichte der zwei Halbkugeln erzählte:

„Als das Leben am Anfang stand, fielen unzählige Kugeln auf die Erde. Bei ihrem Aufprall zersprangen sie in zwei Hälften. Uneben und frei auseinander geteilt, symbolisieren sie die unterschiedlichen Charaktere zweier Menschen. Doch jede dieser auch noch so verschiedenen Halbkugeln ist für ein Gegenstück bestimmt, so wie auch zwei Menschen füreinander bestimmt sind. Wir alle sind auf der Suche nach unserer anderen Hälfte, eben nach der anderen halben Kugel. Wenn ihr glaubt, ihr habt Eure andere Hälfte gefunden, dann werdet ihr feststellen, dass die beiden halben Kugeln oft nur an einer einzigen kleinen Stelle passen, was ihr durch sorgfältiges Drehen und Probieren herausfinden könnt. Es ist ganz natürlich, dass es am Anfang hakt und hängen bleibt. Aber genau das macht Sinn, denn: Nicht alles kann von vornherein passen und übereinstimmen.

Nun müssen beide an ihrer halben Kugel arbeiten, schleifen und feilen. Nur langsam und in kleinen Schritten ebnet sich dieser kantige Bruch durch das Geben und Nehmen in der Liebe. Nach einiger Zeit, wenn sich beide Hälften abgeschliffen haben, lassen sie sich fast reibungslos zu einer Kugel formen. Aber eben nur fast, genau passen – wie am Anfang unserer Zeit – darf es nie, sonst verliert man seine Persönlichkeit und das, was den Menschen an eurer Seite ausmacht.

Jedoch eines vergesst nie: Ihr sollt nicht an der anderen, sondern stets an der eigenen Hälfte feilen."

An diese Geschichte denke ich noch sehr oft, auch in unserer Ehe.

Nach der Trauung feierten wir gemeinsam mit unserer Familie und vier Trauzeugen erst am Nachmittag outdoor im Greizer Park und später auf der überdachten Terrasse. Am Abend überreichten wir zwei große, auf Acryl gedruckte Urkunden mit der Aufschrift "Trauzeugen der Herzen" an unsere beiden besten Freunde. Es war ein unvergesslicher Tag mit vielen herzlichen Momenten zwischen Begeisterung und Enttäuschung im Vorfeld.

Das neue Firmengebäude – die alte Bauschule

Wir müssen in der zeitlichen Reise einen kleinen Sprung zurückmachen. Genauer gesagt, gedanklich vor die Hochzeit, als wir mit der kompletten Familie ins Haus eingezogen waren. Der Zusammenzug hat die Platzverhältnisse im Wohn- und Geschäftshaus natürlich nicht wirklich besser gemacht. In den letzten Wochen konnte man immer in die Wohnung flüchten oder ausweichen, wenn das Geschäft zu viel geworden oder das Büro zu voll war. Das war nun nicht mehr möglich. Der Platz, vor allem in der Werbetechnikproduktion, war einfach inzwischen viel zu wenig und auch in meinem Büro hatten zwischenzeitlich eine Grafikerin und eine Azubine Platz gefunden. Im Ladengeschäft waren die Kundengespräche anstrengend für das Team geworden, weil die Mitarbeiter zu dicht beieinander saßen. Die Chefgrafikerin kam kaum noch dazu, kreative Layouts zu entwickeln, weil die Kundschaft direkt am Schreibtisch stand und die Kreativität unterbrach. Das Team war auf 8 Mitarbeiter angewachsen und wir benötigten dringend eine Lösung für das Platzproblem. Außerdem wollten wir gerne das Team zusammenführen, da die beiden Standorte auch Informationsverluste bedeuteten. Fast täglich pendelte ich zwischen der Werkstatt in Mohlsdorf und dem Ladengeschäft in Greiz. Ziemlich genau in der Mitte der Strecke fiel mir auf, dass dort direkt an der Straße ein großes Gebäude stand. Es handelte sich um die alte Fachschule für Maurer und Maler, umgangssprachlich die "Bauschule". Viele Jahre leer stehend, war die letzten Jahre kurzzeitig eine Grundschule übergangsweise dort eingezogen.

Danach war sie wieder leer stehend und schien dem Verfall preisgegeben. "Das wäre das perfekte Gebäude für meine Firma", dachte ich mir und stellte kurzerhand einen Kaufantrag beim Landkreis. Der Landkreis entschied, das Gebäude zu verkaufen und mittels einer öffentlichen Ausschreibung die Interessenten zu ermitteln. Im nächsten Kreisjournal und auf der Website konnte man sich ein paar Informationen beschaffen und man wurde aufgefordert, ein Kaufpreisangebot abzugeben und dieses mit einem Konzept zu unterlegen. Wir vereinbarten kurzerhand einen Termin für eine Besichtigung. An dieser nahmen nur Nadine und der ehemalige Hausmeister teil. Ich hatte bewusst auf fachkundiges Baupersonal verzichtet, um das Thema nicht vorab zum Stadtgespräch zu entwickeln. Wir verliebten uns von Anfang an in das Gebäude. Auch wenn Böden, Türen und Fenster teilweise schon Jahrzehnte alt waren und die Raumaufteilung so gar nicht einem Bürogebäude glich, sahen wir das Potential für unser Vorhaben, die Firma dorthin zu verlagern. Ein Konzept und ein Kaufangebot wurden abgegeben und nun hieß es warten. Keinerlei Informationen bekamen wir und das Warten auf eine Entscheidung, schien zur Ewigkeit zu werden. Die Kreisverwaltung hatte uns auf Anfrage mitgeteilt, dass es wohl noch Monate dauern könnte. Umso überraschter war ich, als auf einer der nächsten Kreistagssitzungen im nichtöffentlichen Teil das Thema behandelt werden sollte. Zu dieser Sitzung verließ ich auf Grund von Befangenheit den Saal. Als ich wieder reinkam, schaute ich in lachende, ernste und fragende Gesichter und konnte dem Ausdruck nicht entnehmen, zu welcher Entscheidung es nun gekommen war. Es begann wieder ein Warten auf Information. Weihnachten 2019 kam immer näher und ich hatte mich schon damit abgefunden, in diesem Jahr keine Entscheidung mehr zu bekommen. Als ich dann am 22.12. den Briefkasten öffnete, glaubte ich meinen Augen nicht. "Der Kreistag hat die Entscheidung getroffen, das Gebäude an Sie zu verkaufen." Überglücklich las ich weiter: "Bitte finden Sie sich am 06. Januar 2020 beim Notar in Gera ein, zur Unterzeichnung des Kaufvertrags." Jetzt hatte ich Stress. Ich leitete über meinen Immobilienfinanzierer alles in die Wege, die Finanzierung abzuklären. Natürlich hatte ich ihm zwischenzeitlich von dem Vorhaben erzählt, aber nie damit gerechnet, dass es jetzt so schnell gehen sollte. Über die Weihnachtsfeiertage stellten wir benötigte Unterlagen zusammen und übertrugen sie an die Bank. Jeder E-Mail folgte eine Abwesenheitsnotiz mit Rückkehr des Bearbeiters im neuen Jahr oder nach dem Termin beim Notar. An der Stelle potenzierte sich mein Stresslevel und ich hatte nur noch Hoffnung, dass im neuen Jahr schnell eine Entscheidung getroffen wird. Das war leider nicht der Fall. Auch nach der Jahreswende war kein Entscheider bei der Bank verfügbar. Die Zeit bis zum Termin verging immer schneller. "Jetzt kann nur noch ein großer Entscheider der Bank helfen", sagte mein Finanzexperte und bat mich, mein Netzwerk auszuspielen. Beziehungen schaden nur dem, der keine hat, dachte ich mir und begab mich auf die Suche nach Kontaktdaten. In einer archivierten Mail zum Thema Förderverein hatte ich zufällig den Kontakt zum Sponsoringverantwortlichen gefunden, der zwischenzeitlich zum Vorstand der Bank befördert wurde. "Lieber Bank-Vorstand", begann ich meine Mail an ihn. "Ich benötige wieder einmal ihre Hilfe, diesmal in geschäftlicher Angelegenheit", führte ich die E-Mail fort. Ich erklärte kurz den Sachverhalt und die Dringlichkeit, da wir uns inzwischen einen Tag vor dem entscheidenden Termin befanden. Senden und was passierte? Auch von ihm kam eine Abwesenheitsnotiz auf elektronischem Weg zurück. An dem Punkt beerdigte ich jegliche Hoffnung auf einen guten Ausgang dieses Vorhabens und überlegte, wie man diese Situation löst. Es dauerte etwa eine halbe Stunde, bis mein Handy klingelte und das Display eine mir unbekannte Rufnummer anzeigte. "Hallo Herr Täubert, hier ist die Assistenz des Bankvorstandes, ich wurde beauftragt, mich persönlich um Ihr Anliegen zu kümmern", berichtete die Stimme am anderen Ende. Wir waren wieder im Rennen und übermittelten kurzerhand alle Unterlagen mit der Bitte um schnelle Entscheidung. Leider blieb diese wieder aus und der Termin am nächsten Tag war mehr als fragwürdig. Auf der etwa halbstündigen Fahrt von Mohlsdorf nach Gera ging mir alles durch den Kopf. Nadine kamen auf dem Beifahrersitz die Tränen und sie konnte die Situation kaum ertragen. Noch vor der Tür beim Notar fragte sie mich: "Wollen wir das wirklich machen?". Entschlossen in der Sache, aber dennoch geprägt von Unsicherheit über die Finanzierung, ging ich in den Termin. Der Notar verlas den Vertrag und wies auf die Kaufpreisfälligkeit 14 Tage nach dem heutigen Datum hin. Ob alles verstanden wurde, vergewisserte er sich. Ebenfalls ob die Finanzierung geklärt ist. Auf die Frage antwortete ich: „Ich bin guter Dinge". Mit fragendem Blick klappt der Notar die Akte zusammen und sprach mich an: "Ich will das kurz noch einmal betonen, Herr Täubert, Sie schließen heute einen Vertrag, der Sie für Kauf und Umbau des Gebäudes vermutlich eine halbe Million Euro kosten wird. Sie sind Einzelunternehmer. Sie sind komplett haftbar. Bitte überdenken Sie noch einmal Ihre Entscheidung. Jetzt mal ganz ehrlich, ich kann irgendwie gar nicht glauben, dass sie sich dieses Vorhaben mit einer Werbeagentur leisten können." Er stellte den heutigen Termin und die Unterschrift in Frage. An dieser Stelle hatte ich das richtige Mindset, an unser Team, die Firma, meine Unterstützer und an mich zu glauben und begegnete mit den Worten: "Sehen Sie, ich habe dieses Unternehmen gegründet, um zu unternehmen und nicht zu unterlassen. Vor rund sechs Jahren hatte ich die gleichen Zweifel schon einmal erfahren. Ich werde Ihnen beweisen, dass es funktioniert und jetzt unterschreiben wir den Vertrag." Der anwesenden Verwaltungsangestellten der Kreisverwaltung konnte man das Entsetzen sichtlich ansehen und auch der Notar war voller Zweifel und wir kamen zur Unterschrift. Erleichtert verließen wir das Notariat und traten den Heimweg an. Noch nicht einmal zu Hause angekommen, klingelte erneut das Telefon und die Assistenz der Bank meldete sich. "Herr Täubert, wir können uns eine Finanzierung vorstellen. Ich kann zwar weder Zins noch Rate sagen, aber grundsätzlich ist eine Finanzierung möglich." Erleichtert war ich zu einer neuen Immobilie gekommen und noch zufriedener, nachdem der Geldtransfer am 13. Tag nach dem Notartermin gelaufen war. Schnell wurde das Geld zum alten Eigentümer überwiesen und ich war nun Herr einer alten Bauschule – ohne zu wissen, was mich noch erwarten wird.

Du brauchst das richtige Mindset. Du musst an dich und deine Vorhaben glauben – und das am besten 48 Stunden an einem Tag. Deshalb gehe jetzt deine Ideen und Wünsche an und investiere in deinen Traum.

[Vorher-Nachher-Vergleich des neuen Firmenstandortes]

Wie du trotz Krise deine Vorhaben umsetzt

Wir befinden uns zeitlich im Januar 2020 und der Deal mit dem Kauf der alten Berufsschule war gerade abgeschlossen. Jetzt ging es an die Umsetzung. Schnell wurde geplant, wie die Räume aussehen könnten und welche Aufteilung im neuen Gebäude Sinn machten. Schließlich hatte ich jetzt rund eintausend Quadratmeter Platz, um meine Ideen auszuleben.

Die erste Begehung nach dem Kauf stand an und wir waren total aufgeregt, endlich unseren neuen Traum zu leben. Ein großer Karton mit Schlüsseln verschaffte uns theoretisch die Möglichkeit, in alle Räume zu gelangen. Schon im Erdgeschoss glaubten wir unseren Augen nicht. Eine große Pfütze Wasser zierte den Fußboden und betrübte die anfängliche Euphorie. Eine Leitung war geplatzt und das Wasser war vom Erdgeschoss bis in den Keller gelaufen. Fußböden waren aufgequollen, Türen beschädigt, Wände nass. So zeigte sich das Gebäude an unserem ersten Tag. Aber das sollte nicht die einzige Überraschung bleiben. Die Heizung war ausgefallen und der gerufene Klempner bescheinigte uns noch am ersten Tag den Totalausfall. Während der Wasserschaden noch von der Gebäudeversicherung übernommen wurde, sprengte die Investition für die neue Heizungsanlage schon das Budget, bevor wir mit dem Umbau begonnen hatten. Einziger Hoffnungsschimmer war die Einsparung im Verbrauch bei der neuen Anlage, da die vorhandene bereits deutlich in die Jahre gekommen war. Bereits am ersten Abend nach der Besichtigung begann ich mit der Planung für den Umbau.

Erstmalig beteiligte ich einen Bauingenieur, um die notwendigen Unterlagen für die Umnutzung des Gebäudes zu beantragen. Umnutzung? Ja, für solche Vorhaben musst du eine Umnutzung beantragen. Das heißt, rein formell muss aus der Schule ein Bürogebäude werden. Etwas blauäugig ging ich an das Vorhaben heran, zu glauben: Es war ja früher mal eine Schule mit hunderten Schülern. Die Anforderungen an die neue Nutzung können ja wohl nicht größer sein. Leider wurde ich schnell eines Besseren belehrt. Mit dem Antrag auf Umnutzung entfällt jeglicher Bestandsschutz. Alles muss neu bewertet werden und bei den Vorschriften, vor allem im Bereich Brandschutz, gelten die aktuellen Bestimmungen. Jetzt wurde mir klar: Das wird schwierig.

Erst kürzlich eingebaute Brandschutztüren mussten neu bewertet werden und die Aufteilung der Räume in meinem Kopf wurde völlig über den Haufen geworfen. Jetzt galt es, die geforderten Brandabschnitte zu planen und meiner Kreativität war ein Riegel vorgeschoben. Unheimlich dankbar bin ich an dieser Stelle meinem Bauingenieur, der mich in dieser Zeit ertragen musste und geduldig mit mir gemeinsam den neuen Plan erarbeitete. Über die Sinnhaftigkeit von einigen Vorschriften möchte ich lieber nichts schreiben, weil es vermutlich deine Ideen für ein eigenes Gebäude zerstören würde. Vielleicht nur soviel: Es fällt schon schwer, zu glauben, dass die bestehende Rettungsleiter am Gebäude nicht mehr den Anforderungen entsprechen sollte und dass die neue Aufstellfläche der Feuerwehrdrehleiter gar nicht von dieser erreichbar war. Denn die Einfahrt für das Grundstück war viel zu eng. Links und rechts der Einfahrt stand ein Baum und machte das Befahren der Drehleiter unmöglich. Auch die zweite Aufstellfläche am anderen Gebäudeteil war nicht genehmigungsfähig, da dort rund ein Dutzend Fichtenbäume das Anleitern verhinderten. Fassen wir kurz zusammen: Rettungsleiter ohne Funktion – beide Aufstellflächen ungeeignet. Wie sollte nun die Lösung aussehen? Kurzerhand entschloss ich mich, die entsprechenden Bäume fällen zu lassen, um die Auflagen des Brandschutzes zu erfüllen. Jedoch nicht ohne Genehmigung. Die geplante Fällung wurde abgelehnt. In einem gemeinsamen Vor-Ort-Termin wurden beide Fachämter der Behörde beteiligt und man kam zur Einigung: Fällung ja – aber mit entsprechender Neupflanzung. Für jeden auf dem Grundstück gefällten Baum musste entsprechend ein neuer Baum gepflanzt werden. Ein neuer Laubbaum und auf demselben Grundstück. Wie es zu den Bäumen schlussendlich kam, beschreibe ich später in diesem Buch.

Nachdem alle Unterlagen zusammengestellt waren, begann wieder das Warten. Warten bis zur Baugenehmigung. Schließlich hatte ich mir das ambitionierte Ziel gesetzt, noch im gleichen Jahr einzuziehen und das Weihnachtsgeschäft bereits in den neuen Räumen umzusetzen. Schnell war der Termin für den Umzug auf den 01. Oktober festgeschrieben, was nicht nur die Handwerker, sondern auch alle im engsten Kreis wieder einmal den Kopf schütteln ließ. Ich bin der Meinung, nur Ziele setzen Handlungen in Gang. Du musst dir immer hohe Ziele selbst verbindlich definieren, auch wenn sie im ersten Moment unrealistisch wirken. Spreche nur mit wenigen Ausgewählten über diese Ziele. Viele werden diese gar nicht verstehen, sie werden dir diese ausreden oder dich als Spinner bezeichnen. Sie werden dich dann klein reden und du bekommst Zweifel an dir und deinem Vorhaben. "Was will denn der Täubert mit so einem Gebäude?" und "Hat er sich damit nicht übernommen?" bis hin zu "Das schafft er niemals, dort einzuziehen." habe ich alles gehört. Das hat mich jedoch nicht gebremst für meine Idee und mich eher motiviert, es umzusetzen. Am besten spreche mit jemandem über deine Ziele, der diese bereits erreicht hat. Er oder sie wird dich motivieren, diese zu erfüllen. Teile mir gerne deine Ziele mit und lasse mich dein Mentor zur Zielerreichung deines Traums sein.

Im zweiten Schritt setzt du dir Zwischenziele, die erreichbarer scheinen. Unterstützen kannst du die Erreichung der Etappen auch mit kleinen Belohnungen. "Wenn wir den Abriss und die Entkernung bis zum xx erreicht haben, dann machen wir unsere nachgeholte Weihnachtsfeier im neuen Gebäude auf der Baustelle", versprach ich meinen Mitarbeitern und es wird dich nicht wundern, dass wir mitten im Baudreck eines der coolsten Events unserer Firmengeschichte feierten. War das jetzt sonderlich schick und glamourös? Nein, sicher nicht. Aber es war authentisch und hat voll zu uns gepasst.

Nach und nach schließt du dann eine nach der nächsten Etappe ab und vollendest Stück für Stück dein Vorhaben mit dem entsprechenden Ehrgeiz. Behalte dabei das große Ziel im Auge, reagiere auf neue Situationen und kontrolliere ständig, ob du noch auf dem Zielkurs bist.

Auf der nachfolgenden Abbildung habe ich dir verdeutlicht, wie ich das bei meinem Vorhaben "neues Firmengebäude" gemacht habe.

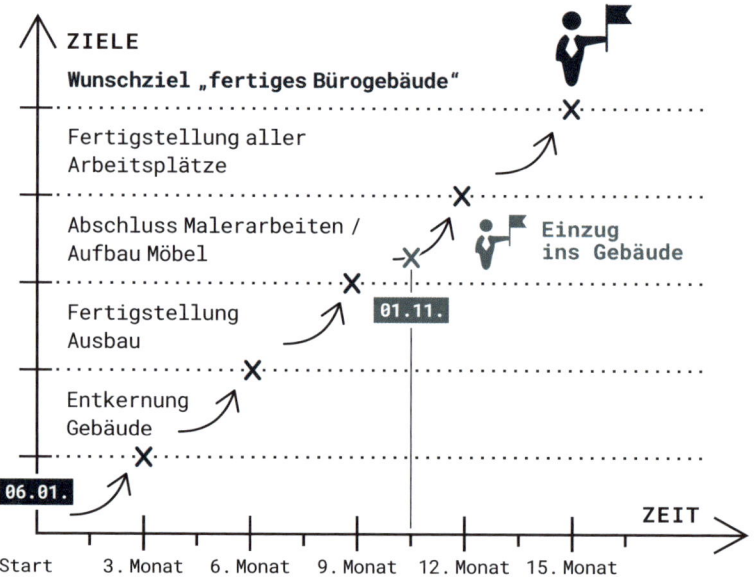

Die Wartezeit auf die Baugenehmigung schien unendlich, wenn man einen Traum hat. Ein Anruf beim Bauamtsleiter, dessen Wahlwerbung zum Bürgermeister ich einmal erstellt hatte, schien mir ein geeignetes Mittel, um den Vorgang zu beschleunigen. Beziehungen schaden dem, der keine hat, dachte ich mir. Ob es etwas brachte, weiß ich nicht, aber

[Unsere Azubis beim Abriss im neuen Gebäude – hier wollte
jeder mit anfassen]

ich hatte das Gefühl, im Aktenstapel ein Stück nach oben gerutscht zu sein. Und allein diese Stimmung reichte mir.

Die Zeit des Wartens verkürzten wir mit Arbeiten rund um die Außenanlagen und im Inneren des Gebäudes, die unabhängig von der Genehmigung waren, wie Tapeten entfernen oder Türen ausbauen. So verbrachten wir an einigen Wochen die Abende und Wochenenden wieder auf der Baustelle, bis eine Situation eintrat, mit der keiner gerechnet hatte und die unseren Plan scheitern lassen sollte. Das Corona-Virus aus Fernost war im Anmarsch und die ersten Auswirkungen beeinflussten auch unser Vorhaben. Der Lockdown stand an und die Baustelle kam zum Erliegen. Zwischenzeitlich hatte ich die Baugenehmigung mit den zahlreichen Auflagen erhalten und wollte durchstarten. Wieder war das unmöglich und wir überlegten im Team gemeinsam, wie wir am besten die Situation meistern könnten. Da die Auftragslage auch etwas nachließ, entschlossen wir uns, die Renovierungsarbeiten selbst durchzuführen. Während die Jungs und teilweise auch die Mädels Mauern durchbrachen und wieder aufmauerten, strichen andere Mitarbeiter die Wände oder versuchten sich im Trockenbau.

Alle hielten zusammen und überbrückten die arbeitsarme Zeit. Das förderte nicht nur die Wertschätzung des Geschaffenen, sondern jeder Mitarbeiter hatte die Möglichkeit, seinen eigenen Raum individuell zu gestalten. Vom Anstrich bis zum Möbel trägt bei uns alles die Handschrift der Mitarbeiter. Die Produktionsräume haben wir einer gläsernen Manufaktur angelehnt. Das heißt, man kann während der Beratung zum Beispiel in den Stickraum schauen und sein Produkt live bei der Entstehung beobachten. Unser Anspruch war es, ein modernes Firmengebäude zu entwickeln, in dem sich die Mitarbeiter wohl fühlen und genügend Platz für Kreativität bleibt. Wenn man heute durchs Gebäude geht oder wir zahlreiche Gäste zum Tag der offenen Tür durchführen, können wir stolz behaupten, das haben wir geschafft. Trotz aller Hürden und kleiner oder größerer Überraschungen haben wir es mit nur 14 Tagen Verzögerung am 15. Oktober geschafft, den Bau fer-

[Aus den Räumen der alten Berufsschule wurden neue und moderne Büros unserer Werbeagentur.]

tigzustellen. Kurzerhand entschieden wir uns, noch einen Kurzurlaub zu machen und am 1. November 2020 den Umzug zu wagen. An dem Tag zogen nicht nur alle Maschinen um, sondern auch der Laden in der Brückenstraße und alle Waren, Geräte und Büroutensilien aus Mohlsdorf wechselten den Standort. Die Arme wurden immer länger vom Kistenschleppen und nicht nur die Anspannung war bei allen Mitarbeitern deutlich spürbar, sondern auch die Freude aufs gemeinsame Team. Du musst deine Mitarbeiter für einen solchen Kraftakt motivieren. Alle zahlen auf ein gemeinsames Ziel ein und alle kennen dieses Ziel – und das am besten schon so zeitig wie möglich. Der Umzug war ein Mammutprojekt und wir hatten das Gefühl, der Tag würde nie enden. Es war, als hätte der Tag 48 Stunden. Dieser eine Tag.

Neue Konzepte – Du musst sie machen, wenn es nötig ist

Endlich war das Team vereint und ich freute mich schon darauf, Abläufe neu zu gestalten und mehr Effizienz in der Abarbeitung zu bekommen. Der Begriff „Prozesse" war mir zu diesem Zeitpunkt zwar schon bekannt, aber ich dachte nicht darüber nach. Täglich war ich mit der Abarbeitung neu auftretender Probleme und Herausforderungen beschäftigt. Einige Kollegen duckten sich sprichwörtlich ab, wenn es zu Konflikten kam. Das Gebäude, die alte Bauschule, war ja groß genug dafür. Ganz ehrlich: Beim Einzug mit unseren acht Mitarbeitern hatten wir mehr Toiletten als Kollegen.

Auch der Laden in der Brückenstraße in Greiz war leergezogen und wir mussten hierfür eine Lösung finden. Hier hatten wir immer die Herausforderung, dass sich Privatkunden und Geschäftskunden vermischten, die jedoch einen sehr unterschiedlichen Beratungsbedarf hatten. Während man für privat eher die einzelne Fototasse bestellte, waren es vor allem die Unternehmer, die große Auflagen einer Sorte Werbeartikel bestellten und eine individuelle Beratung benötigten. Das war am Ende in dem kleinen Laden kaum noch möglich. So entschlossen wir uns, das Konzept zu wandeln und Geschäftskunden nur noch in der neuen Agentur im neuen Firmengebäude zu beraten. Für das Ladengeschäft schufen wir ein eigenes Label namens „Täubert-Store" und boten unter diesem unsere Leistungen an. Wir kreierten einen Anlaufpunkt vor allem für kleine Geschenkideen. Viele regionale Produkte waren besonders beliebt und so entschlossen wir uns, bald schon alles mögliche mit Greiz-Motiven anzubieten. Vom Kalender über Souvenirs bis hin zum 1.000-teiligen Puzzle wurde alles produziert und an den Kunden gebracht. Das Team schulten wir darin, nicht nur die einzelne Tasse zu verkaufen, sondern mit Füllung und Verpackung ein Geschenkset zu kreieren. Wir haben festgestellt, dass der Kunde nicht nur das Produkt, sondern in erster Linie die Emotion kauft und dann bereit ist, einen höheren Preis zu investieren.

Es klingt hart, aber es ist die Wahrheit: Eine Bekannte betreibt in der gleichen Stadt ein Floristikgeschäft. Sie sagte immer zu mir: "Mit der Freude und mit dem Leid der Menschen kann man das meiste Geld verdienen." Gemeint hatte sie Floristik für Hochzeiten und Trauerfeiern. Eigentlich logisch und sie fuhr fort; „Hier diskutieren die wenigsten über den Preis". Jetzt lag es mir fern, mit dem Leid der Menschen Geld zu verdienen und ich entschloss mich, meine Mitarbeiter darauf zu konditionieren, vor allem die Freude und die Begeisterung mit unseren Produkten zu erzeugen und honorieren zu lassen.

"Toll, Frau Meier, über die Tasse mit dem Bild von Katze Frida wird sich Ihre Enkeltochter aber freuen.

Darf ich es Ihnen noch schön verpacken lassen?

Dann ist sie gleich fertig zum Verschenken."

Diese drei Sätze verdoppelten den Umsatz in meinem kleinen Geschenkbusiness.

Geh doch jetzt für deine Leistung oder dein Produkt einmal in dich und prüfe, welche Emotionen du bei deinem Kunden erzeugst. Konzentriere dich hierbei auf Wow-Effekte und Momente, bei denen Kunden sprichwörtlich vor Freude durch die Decke gehen. Schaffe diese Situationen und begeistere deine Kunden kurz danach, eine Bewertung abzugeben oder dich weiter zu empfehlen. Gerne kannst du die nachfolgende Tabelle nutzen, um deine persönliche Produkt-Emotions-Tabelle zu zeichnen.

Produkt/Leistung	Emotion	Mit welchem Satz löst du diese aus?
Foto-Tasse	Freude am Schenken	„Toll, wie der Enkelsohn auf dem Foto aussieht, da wird sich XYZ freuen"
Foto-Leinwand	Erinnerung/ Freude	„Ein tolles Panorama. Das war sicher ein schöner Urlaub"
Textildruck/ Arbeitskleidung	Teamstolz/ Akzeptanz	„Du kannst stolz sein, diese Arbeitskleidung zu tragen"
Autobeschriftung	Teamstolz/ Akzeptanz	„Am liebsten würde ich selbst so ein schönes Firmenauto fahren"
Fotografie	Erinnerung/ Trauer	„Eine wunderschöne Erinnerung an...."
Dein Produkt		
Dein Produkt		

Diese Emotionstabelle habe ich genutzt, um daraus immer mehr Trigger-Punkte bei meinen Kunden zu setzen und diesen ein einmaliges Angebot zu bieten. Dabei wurde ich natürlich unterstützt von wundervollen Mitarbeitern und meiner Frau, die für den Store die Verantwortung übernahmen. Aus diesen Bedürfnissen der Kunden entwickelten wir unsere HLW-Methode, die ab diesem Zeitpunkt für fast alle Geschäftsfelder umgesetzt wurde.

Umsatz ist der Applaus der Kundschaft.

Die HLW-Methode und ihre Anwendung

Lange Zeit hatten wir ständig nur unsere Produkte und Leistungen angeboten und beworben. Einen riesigen, fast nicht zu überblickenden Bauchladen an Ware erwarben wir dadurch und die Verkaufszahlen waren mal besser oder mal schlechter. Wir stellten fest, dass vor allem die männlichen Kunden eine große Herausforderung (H) hatten: "Ich brauche dringend ein Geschenk für meine Liebste", hörten wir fast täglich in unserem kleinen Laden. Die Lösung (L) war klar: Ein Geschenk aus dem Täubert-Store, individuell verpackt. Aber was war der eigentliche Wunsch (W) des Kunden? Glückliche Stunden in Zweisamkeit, ohne viel Einsatz und das möglichst kurzfristig. Vor allem die Tage wie Valentinstag oder Weihnachten kommen immer ziemlich überraschend für viele Männer. Ich darf das sagen, weil es mir nicht anders geht. Gratulieren kann ich dir dafür, dass DU in den Täubert-Store gehen kannst, um diesen Wunsch zu erfüllen. Diesen Vorteil hatte ich leider nicht. Ich kann mir vorstellen, dass es bei mir nicht so gut ankommen würde, wenn ich von meiner Frau das eigene Geschenk einpacken lasse. Dieses Glück solltest du schon bald nutzen und dir etwas Tolles zusammenstellen lassen. Denke daran – was fürs Business gilt, gilt auch für die Liebe: Erfolg muss geplant sein.

Dieses Beispiel soll dir verdeutlichen, dass du aufhören musst, die Lösung zu vermarkten, sondern starten solltest, Wünsche zu erfüllen. Genau aus diesem Grund wurde das komplette Marketing für den Store umgestellt. Aus "Geschenke vom Täubert-Store" wurde "Begeistere deine Liebsten" und die Mitarbeiter wurden zu „Wunscherfüllern". Von den Visitenkarten, der Arbeitskleidung und der Website wurden "Mediengestalter" oder "Verkäufer" gestrichen und mit "Nadine – deine Wunscherfüllerin" ersetzt. Im Store selbst wurde ein großer Tresen installiert, um Geschenke zu verpacken und die Auslage zierten ab sofort kleine fertige Geschenke für Kurzentschlossene. Nehme dir jetzt nach diesem Kapitel die Zeit und überlege, welche Wünsche deine Kunden haben und wie du diese erfüllen kannst. Und genau die Lösung dieses lang ersehnten Wunsches kommunizierst du in deinem Marketing. Je größer der Wunsch, umso mehr Erfolg hast du mit der Vermarktung deiner Lösung.

Ein großer Fahrradhersteller wirbt immer mit dem Slogan: "We sell you dreams, the bike is for free." Es ist deine Aufgabe als Unternehmer, dein Unternehmen zu vermarkten und in die Köpfe deiner Kunden zu kommen. Wenn sie Wünsche haben, musst du sie in ihren Träumen erfüllen. Sie müssen an dich denken, du musst omnipräsent sein und das 48 Stunden an einem Tag. Jeden Tag.

Der Impuls, der mein Leben veränderte

Ein neues Konzept für unseren Store war gefunden und der Umzug ins neue Gebäude lag hinter uns. Jetzt hieß es, das neue Domizil mit Leben zu füllen und richtig Gas zu geben, um genügend Aufträge zu generieren. Ich arbeitete Tag und Nacht. Tagsüber im Kundengespräch und Verkauf und abends und nachts an der Organisation neuer Aufträge und Projekte, jedoch immer an den Projekten und selten an der Firma. Was ich von der Vier-Tage-Woche halte? Vier-was? Bei mir war Samstag ein regulärer Arbeitstag und selbst Sonntag wurde selten zur Erholung genutzt. Die letzten Wochen und Monate hatte ich intensiv genutzt, es mir kulinarisch gut gehen zu lassen und ich hatte erschreckenderweise mein Ursprungsgewicht wieder erreicht und die kompletten Erfolge aus dem Sportprogramm zunichtegemacht.

Es war ein Sonntag Ende 2020, als ich gegen 17 Uhr auf dem Sofa lag, auf dem Feinkostgewölbe (gemeint ist mein Bauch) der Laptop. Der Wohlstandsspeck hat bei mir deutliche Spuren hinterlassen und es wird dich jetzt verwundern, dass ich nach der Abnahme der vielen Kilos diese in den positiven Zeiten vollständig wieder zu mir genommen habe. Ich war in die alte Form zurückgerutscht und die 200 Kilomarke war nicht weit entfernt. Es war ein typischer Sonntag für mich. Draußen regnete es. Die Kinder waren eigenständig und unterwegs, meine Frau war schon wieder genervt von meinem Business-Sonntag – wie ich ihn nannte. Heißt ein Sonntag, an dem man mal in Ruhe etwas abarbeiten kann. Klar, was sonst.

Plötzlich erreichte mich eine WhatsApp mit dem Inhalt: "Hallo Chef, sorry, ich muss mich für morgen krank melden". Wir waren nur wenige Mitarbeiter in der Produktion und jetzt überlegte ich automatisch, wie ich die Woche organisiere. Ich machte mir einen Plan, wer die Aufgaben übernimmt oder ich die Woche ohne den Mitarbeiter überstehe. Kurz nach der Überlegung vibrierte das Handy ein zweites Mal. "Sorry, mein Kind ist krank, ich muss morgen erst mal mit ihm zum Arzt!", mit dieser zweiten Nachricht war meine Überlegung hinfällig und ich begann, komische Nachrichten zurück zu schreiben, die ich später bereute geschrieben zu haben. Ich konnte mich noch zügeln diese abzuschicken, hatte ich doch keine Ahnung, wie es diese Woche werden sollte. Genau in diesem Moment kam meine Frau zum Wohnzimmer herein. Was sah sie? Ja klar – den Business-Man. "Ständig hängst du am Handy – selbst am Sonntag!", schrie sie enttäuscht über die wenige Zeit, die man verbringt. Jetzt kannst du mal versuchen, die Situation vernünftig zu erklären. Ich habe keine Ahnung, wie es dir geht oder ob das bei deinem/deiner Partner/Partnerin möglich ist. Ich kann nur sagen, bei mir klappt das nicht. Meine Frau Nadine unterstützt mich bei allen Sachen, aber die Geduld hat sie leider nicht im Überfluss erhalten. Als der liebe Gott die Geduld verteilte, war sie schon lange weg. Es hat ihr einfach zu lang gedauert. Glaub mir, du hast in der Situation keine Chance, irgendwas zu erklären.

RUMS, knallte die Tür im Wohnzimmer. Du musst wissen, wir haben so eine Glastür im Wohnzimmer. Gutes Sicherheitsglas und es vibriert vermutlich jetzt noch, wenn du diese Zeilen liest. Ich war ja froh, dass die Zarge noch an der Wand war. Ich glaube, ich brauche dir nicht zu sagen, wie jetzt die Stimmung war. An diesem mentalen Tiefpunkt des sonntags angekommen klingelte mein Telefon und mein Vater war dran:

"Sohnemann, wir wollten eigentlich 15 Uhr ein Bierchen zusammen trinken im Garten. Übrigens das erste seit einem Vierteljahr."

Die Freunde und Nachbarn, die mein Dad für mich eingeladen hatte, waren längst schon wieder zu Hause. Eigentlich wollte er mich überraschen, aber ich hatte es wieder einmal gründlich vermasselt.

"Du verlebst dein Leben und wenn du so weiter machst, liegst du mit 40 Jahren in der Kiste", führte mein Vater aus, bevor das Gespräch plötzlich endete. Vermutlich Funkloch, dachte ich mir.

Aber Nein! Er hatte aufgelegt und das zu Recht. Ich schaute an mir runter, schaute betroffen auf den menschlichen Schnitzelfriedhof unter dem Laptop und auf dem Fußboden, auf dem der Hund als einzige treue Seele lag.

Jetzt wurde mir bewusst: Ich muss etwas verändern. Ich muss mein Leben gravierend verändern. Und diese Veränderung beginnt genau JETZT.

Dein Lebensdreieck – nicht später, sondern genau jetzt

Aber was hatte ich denn genau falsch gemacht? Ich hatte es doch nur gut gemeint. Aber gut gemeint, ist noch lange nicht gut gemacht. Ein guter Kumpel hat mich darauf aufmerksam gemacht, das Lebensdreieck zu beachten. Davon hatte ich noch nie etwas gehört und war ganz offen. Die Theorie sieht so aus: Du zeichnest ein Dreieck mit gleich langen Seiten auf. Unten links die Ecke ist dein Business. Das heißt dein Job oder deine Firma. Also das, mit dem du dich beruflich beschäftigst. Die untere rechte Ecke ist deine Beziehung. Gemeint ist die zu deinem/deiner Partner/Partnerin, aber auch zu Freunden und deiner Familie, also zu allen, die dir lieb sind und die du sicherlich viel zu oft vernachlässigst. Die obere Spitze des Dreiecks ist für jemanden bestimmt, der gänzlich immer zu kurz kommt. Für jemanden, der es verdient hat, mehr Aufmerksamkeit zu erhalten. Der immer zurücktritt, wenn es nötig ist und sich nie beschwert. Der jedoch für die anderen beiden Ecken des Dreiecks der wichtigste Bestandteil ist. Und das bist "Du". Ja, du darfst auf die obere Ecke ruhig "ich" schreiben und dir bewusst werden, wie wichtig es ist, auch einmal an sich zu denken. Dabei möchte ich nicht den Egoismus in dir wecken, sondern einfach mal einen Appell loswerden, an dich zu denken, weil ohne dich wird es keine Firma geben. Ohne dich wird es auch keine Beziehung geben.

Aber bleiben wir bei der Theorie. Nimm jetzt einen Zirkel und steche in die Ecken deines Dreiecks ein. Zeichne drei gleich große Kreise um

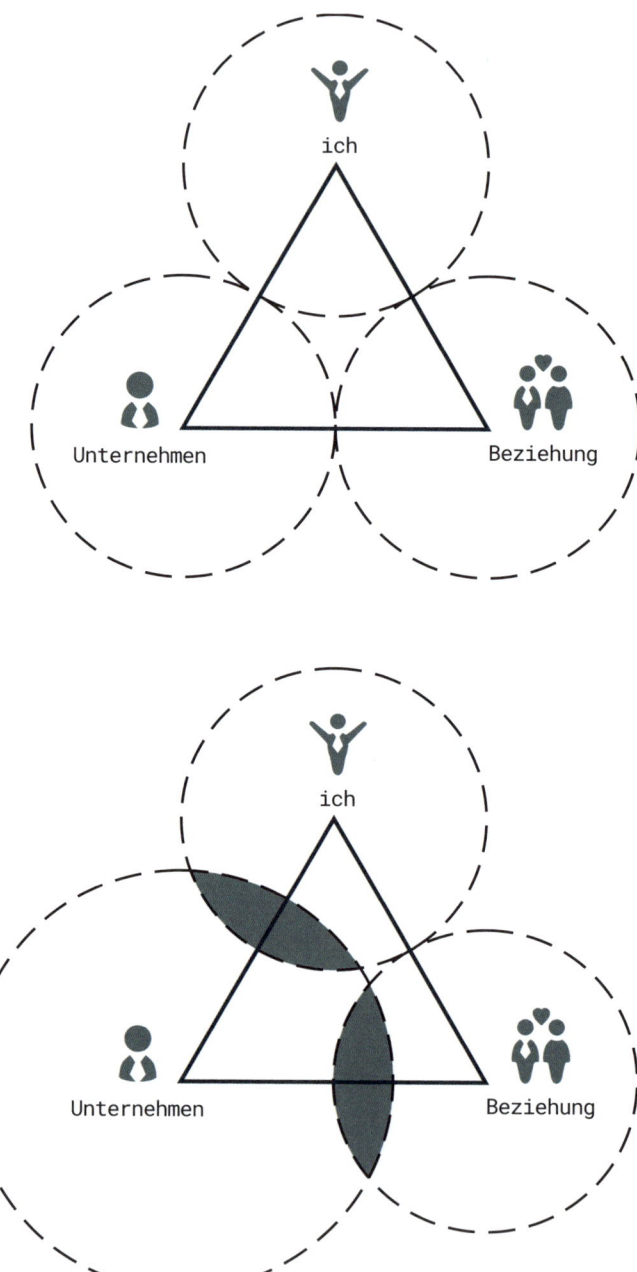

jeden Eckpunkt. Drei Kreise, die gleich groß sind, aber sich nur ganz knapp berühren. Jeder dieser Kreise symbolisiert die Aufwendungen für den jeweiligen Bereich. Für Geschäft, für Business und für dich – heißt für deine Hobbies und deine Gesundheit.

Ich kann mir vorstellen, wie dein Business-Kreis in Wirklichkeit aussieht. Wenn es so wäre wie auf meiner Abbildung, dann würdest du vermutlich dieses Buch nicht lesen. Mein Kreis zum damaligen Zeitpunkt, als der besagte Sonntag stattfand, war riesig. Der Beziehungskreis war auf ein Minimum reduziert und der Kreis um mich war eher ein Punkt als ein Kreis. Genau das hatte zu der beziehungstechnischen Situation und der körperlichen Verfassung geführt. Wenn jetzt noch unvorhersehbar durch Ausfall von Kollegen der Kreis anwuchs, kickte dieser die übrig gebliebene Sozialkomponente aus meinem Lebensdreieck. An diesem Punkt bist du schlichtweg auf der Beziehungsebene nicht mehr erreichbar für vieles, kannst viele Nöte und Sorgen nicht verstehen. Dir fehlt jegliche Empathie für andere. Das ist der Moment, an dem du komische WhatsApp-Nachrichten an einem verregneten Sonntagnachmittag an deine Mitarbeiter oder Kollegen sendest. Jetzt gehe einmal in dich und frage dich, wo das Problem ist oder wer das falsche Denken hat:

Der Kollege, der sich eine Woche kränklich auf Arbeit schleppt und am Sonntag entscheidet, dass es wirklich nicht geht. Der, dem völlig bewusst ist, dass er gebraucht wird und dass jetzt Stress für die anderen entsteht. Dem es eh schon unangenehm ist, diese Nachricht abzusetzen.

Oder

der Mutter, die ihr Kind am Freitag aus der KITA abgeholt hat, mit schniefender Nase. Die, die dachte: „Ach, bis Montag wird das wieder" und dann feststellen muss, dass das Kind am Sonntag fiebernd im Bett liegt. Auch ihr wird es keine Freude bereiten und sie wird die Nachricht noch hundertmal überdenken, ob es nicht noch eine andere Möglichkeit gibt.

Hand aufs Herz. Das Problem, wie immer du es drehst und wendest: es bleibt bei dir als Unternehmer, Selbstständiger, Manager oder Führungskraft. Du hast dich dafür entschieden, die Verantwortung dafür zu tragen – und das 48 Stunden an nur einem Tag. Jeden Tag. Auch sonntags bei Regenwetter.

Du hast vermutlich, wie ich auch, dein Business über alles andere gestellt und bist selbst dafür verantwortlich, dass dir die soziale Komponente abhandengekommen ist. Du kannst doch nicht die anderen, deine Mitarbeiter oder Kollegen dafür verantwortlich machen, dass sie nicht die gleiche unternehmerische Meise (entschuldige die Ausdrucksweise) wie du haben. Wenn sie das Business über ihre Beziehung und über sich selbst stellen würden, dann würden sie vermutlich nicht für dich arbeiten. Dann säßen sie vermutlich als Marktbegleiter eine Straße neben deinem Unternehmen und würden sich mit dir einen Kundenkreis teilen. Willst du das? Ich glaube nicht. Darum sei froh, wie es ist, akzeptiere es. Fange an, dein eigenes Leben wieder ins Gleichgewicht zu bringen und zeige nicht mit dem Finger auf andere.
"Ja, aber der Kollege war krank"
"Ich konnte nichts dafür, weil der...."
So ein Quatsch. Du bist dafür verantwortlich. Du bekommst das, was du duldest, bei Mitarbeitern wie bei Geschäftspartnern. Es liegt an dir, die Situation zu ändern oder sie zu ertragen. Auch wenn ich jetzt von dir gesprochen habe, dann habe ich damit vor allem mich selbst gemeint. Bei mir kam erschwerend dazu, dass ich in der Trauerphase alle möglichen Ehrenämter angesammelt hatte, die diese Situation noch deutlich verschärften. Soll es so weiter gehen? Will ich so herzlos auf andere wirken? Soll ich weiter meine Familie und mich vernachlässigen, um dem Ehrenamt und allen Kunden gerecht zu werden? Alle diese Fragen habe ich mir selbst gestellt und entschieden, es ab heute zu ändern und mein

Lebensdreieck zu korrigieren. Ich beschloss, ab diesem Tag mein Leben grundhaft zu ändern und ab sofort nur noch an mir und am Unternehmen zu arbeiten und nicht mehr im Unternehmen. Das ab sofort mit gleicher Energie und Disziplin 48 Stunden am Tag. Ab heute jeden Tag.

Wie du Aufgaben los wirst,
die du nicht brauchst

Immer wieder stellte ich mir die Frage, wie ich denn Zeit aufbringen könnte, um an mir und an den Abläufen zu arbeiten. Ich hatte keine Idee, wo ich anfangen sollte und wie ich diese Zeit gewinne. In diesem Moment brauchst du einen Business-Buddy oder einen Coach, der dir auch einmal einen gut gemeinten Seitenhieb verpasst und dich wachrüttelt. Aus diesem Grund möchte ich dir noch einmal empfehlen, genau diesen zu suchen und um seine Hilfe zu bitten. Es ist nichts Schlimmes, nach Unterstützung zu fragen. Die Limitierung, es nicht zu tun, ist nur in deinem Kopf. Vielleicht ist dein Buddy schon da und wartet nur darauf, dass ihr euch gegenseitig unterstützt. Ich habe genau in dieser Situation einen Mentor gefunden, der genau dort war, wo ich hinwollte. Unternehmerisch frei und selbstbestimmt. Von diesem Zustand war ich weit entfernt.

Ich nahm also ein weißes A3-Blatt und fing an, alle Funktionen aufzuschreiben, die ich gesammelt hatte. Fangen wir bei dem offensichtlichen an: Inhaber meiner Werbeagentur, Geschäftsführer meiner Eventfirma, Kreisgeschäftsführer einer Partei, Ortschaftsbürgermeister, Kreistagsmitglied und Vorsitzender im Wirtschaftsausschuss. Nicht vergessen darfst du die Ehrenämter wie: Vorsitzender Förderverein, Vorstand Gewerbeverein, Gemeinderat, Ortschaftsrat, Mitglied Lions Club, Vorstand Kreissportbund, Mitglied im Heimat- und Geschichtsverein, Volleyballspieler beim TSG Concordia und manchmal zusätzlich beim FSV Mohlsdorf – dazu noch engagiert im Unternehmernetzwerk und diversen Verbänden und als Sponsor vieler Projekte. Stolz schaute ich auf den reichlich ausgefüllten Zettel, bis mein Mentor mir die Augen öffnete.

"Wie willst du denn das alles in einer ordentlichen Qualität schaffen? Dein Tag muss doch 48 Stunden haben, um das alles zu erledigen", hörte ich wieder einmal den Spruch, der diesem Buch den Titel gab.

Mache diese Übung jetzt gerne nach und schreibe auf, welche Verpflichtungen, Funktionen und Ehrenämter du hast. Im Anschluss nimmst du drei Stifte – blau, rot und grün. Male um die Begriffe auf deinem Blatt eine blaue Wolke, wenn du mit dieser Aufgabe Geld verdienst. Rote Wolken malst du um die Wörter, für die du eine vertragliche Verpflichtung hast, während du dir Sachen grün umrandest, die dir Spaß machen. Genau das habe ich gemacht und musste feststellen, so viele verpflichtende Aufgaben mit "rot" wie ich dachte, sind es gar nicht. Klar sind es einige, die blau markiert sind, welche zum Einkommen beitragen. Noch nicht einmal bewertend, ob und wie viel diese positiv auf meine Finanzen einzahlen. Ich musste jedoch feststellen, dass nur wenige Funktionen eine grüne Wolke hatten. Heißt übersetzt, es sind nur wenige Aufgaben, die ich aus Freude erledigte. Genau genommen die wenigsten. Viel mehr erstaunte mich, dass einige meiner überlegten Verpflichtungen überhaupt keine Markierung hatten. Ich nahm eine Schere und schnitt diese aus und legte sie neben meine kleine Mindmap auf den Tisch. Mit einem Foto dokumentierte mein Trainer mit dem Handy meine Auswahl. Er vermerkte das Datum auf dem Foto und sendete es mir per WhatsApp mit dem Hinweis: "In einem halben Jahr hast du dich von diesen getrennt!"

Meine Abwehrhaltung kam spontan: "Das geht nicht, ich kann mich davon nicht trennen".

Klar kannst du, du musst. Warum sollst du dabei bleiben, mal ehrlich, es bringt kein Geld, du hast keine Verpflichtung und es macht dir keinen Spaß. Nenne einen Grund, warum du das weiter machen solltest.

"Weil es die anderen von mir erwarten", entgegnete ich.

Es mag jetzt vielleicht hart klingen. Erwartung füllt keine Kühlschränke und steht auch nicht am Krankenbett. Darum trenne dich jetzt von Funktionen und Aufgaben, die auf deiner Mindmap keine Markierung haben. Schicke einem guten Freund ein Foto dieser Auswahl per E-Mail, Whatsapp, Instagram oder einem anderen Messenger und lasse dir helfen, die Umsetzung zu überwachen.

Im nächsten Schritt prüfst du, ob du die rot markierten Aufgaben und Verpflichtungen loswerden kannst. Auch das wird hart sein, aber dich befreien.

Schritt drei erledigst du, indem du prüfst, ob die Arbeiten, die dir Geld bringen, im Verhältnis von Ertrag und Aufwand stehen. Wenn nicht, eliminiere diese und suche dir Jobs, die deinen Erwartungen gerecht werden. Bitte erkläre jetzt nicht: "Aber es macht ja Spaß", dann ist es ein Hobby. Sollte dieser Gedanke jetzt bei dir aufkommen, dann sehe es als Freizeitbeschäftigung und markiere es grün. Grüne Wolken dienen lediglich der Belohnung und dem Spaßfaktor und sollten keinen finanziellen Einnahmenhintergrund haben. Führe diese Übung aus und wiederhole sie am besten zu einem festen Rhythmus einmal im Jahr. Sei dabei konsequent und bedenke: Dein Tag hat keine 48 Stunden. Kein Tag.

Karriereleiter oder Hamsterrad?

Nachdem ich alle Funktionen und Aufgaben eliminiert hatte, sah ich mir meine Karriereleiter an, die immer mehr Sprossen hatte und die ich gefühlt immer schneller nach oben kletterte. Hey, das war keine Leiter. Was von innen wie eine Karriereleiter aussah, war von außen ein überdimensionales Hamsterrad. Aber wie war ich denn in dieses geraten? Ich bin davon überzeugt, dass jeder in dieses Rad gerät, der sich selbstständig macht. Eigentlich ist klar, warum das so ist. Am Anfang bist du das Mädchen für alles in deiner Firma – ich spreche bewusst noch nicht von einem Unternehmen. Du bist kein Unternehmer. Du bist maximal selbstständig. Manche reden auch von "selbst und ständig" als Erklärung für diesen Zustand, sich um alles und jeden zu kümmern. Nicht nur, dass du jeden Auftrag annimmst, um Geld zu verdienen. Du kümmerst dich um die Buchhaltung, um die Steuererklärung, um Versicherung, ums Marketing, um dein Netzwerk, um den Einkauf von Waren. Du bist Hausmeister und Putzfrau in Personalunion. Alle Aufgaben in deiner Firma sammelst du um dich herum, weil du niemanden hast, an den du diese abgeben kannst. Während du dich mit einer Sache beschäftigst, drängt eine andere und du rennst zu dieser. Kaum abgearbeitet geht dein Fokus zur nächsten Aufgabe und das Hamsterrad kommt in Bewegung und dreht ab diesem Zeitpunkt immer schneller und schneller.

Jetzt stellst du Mitarbeiter ein und dennoch dreht und dreht sich alles um dich. Aber warum ist das so? Wenn später Teammitglieder dazu kommen, musst du erst Vertrauen zu deiner Verstärkung aufbauen und dein Mindset positiv verändern, überhaupt erst einmal die Aufgaben abzugeben. Niemand ist so gut in der Arbeit wie du. Keiner kann dir das Wasser reichen und keiner kennt die Firma so gut wie du. Natürlich. Du hast sie ja nach deinen Wünschen aufgebaut und warst von der ersten Sekunde an dabei. Du musst dich von diesen negativen Glaubenssätzen befreien und jetzt abgeben.

Als ich meine erste Mitarbeiterin eingestellt habe, habe ich mich nachts in die Firma geschlichen, um erstens die Aufgaben so vorzubereiten, dass keine Fehler entstehen können. Zweitens, um die Mitarbeiterin zu kontrollieren, ob alles zu meiner vollsten Zufriedenheit erfüllt wurde. Ich war der Meinung, ich muss alles vorbereiten, dass mein Team möglichst problemlos arbeitet, um ja das Geld für ihren Lohn zu verdienen. In dieser Zeit habe ich meine ersten Mitarbeiter nicht nur demotiviert, sondern auch regelrecht verprellt. Solltet ihr dieses Buch lesen, möchte ich mich dafür bei euch entschuldigen. Ich wusste es einfach zu diesem Zeitpunkt nicht besser und es tut mir heute leid. Viele Fehler hätte ich vermeiden können, wenn ich mir zu diesem Zeitpunkt einen Coach gesucht hätte, der diese Fehler bereits für mich gemacht hätte. Eines muss einem klar sein: Niemand ist zum Chef geboren. Man ist auch nicht als Informatiker oder Werbetechniker geboren. Jeder hat dazu gelernt und ist in die Rolle hineingewachsen. Auch als Arbeitgeber musst du in deiner Aufgabe wachsen und es ist dir erlaubt, Fehler zu machen. Wichtig ist nur, du musst die Fähigkeit entwickeln loszulassen. Gehst du von einer 100% Leistungserfüllung bei einer Aufgabe aus, kann es passieren, dass diese kurzfristig bei der Delegation der Aufgabe an einen Mitarbeiter einbricht. Das musst du aushalten und Prozesse ableiten, die das verhindern und deinem Mitarbeiter Regeln vorgeben, in denen er sich bewegen darf. Ich bin überzeugt, er wird dich schnell in der Qualität überholen und zum Fachmann für das Thema werden, während du dich damit beschäftigst, die anderen Aufgaben aus deinem Hamsterrad loszuwerden. Du musst vertrauen und abgeben. In dieser Zeit habe ich mir einen gelben Postit-Zettel mit dem Satz: "Ich vertraue und lasse los" an die Tür meines Büros geklebt und habe diesen Spruch fast stündlich meditiert. Das klingt vielleicht verrückt, aber es ist wichtig dieses Wissen im Hirn zu festigen. Ich bin der festen Überzeugung, dass ständig wiederholtes Wissen zum Glauben wird. Genau das fängt bei dir an. Jetzt ist es an der Zeit Wissen aufzubauen, abzugeben und zu vertrauen.

Ich vertraue & lasse los! :)

[Meine tägliche Erinnerung]

Delegiere Aufgaben, die dir nicht liegen

Auf einer der letzten Seiten haben wir nun festgestellt, dass du das Mädchen für alles bist. Um dich dreht sich das ganze Rad und alle Aufgaben hast du um dich herumplatziert. Jetzt, wo du Mitarbeiter eingestellt hast, musst du Aufgaben delegieren. Aber welche? Ich habe im ersten Schritt die Aufgaben übertragen, die offensichtlich sind. Bei uns waren das typische Aufgaben der Werbeagentur – also Grafiken erstellen und Beschriftungen herstellen. Die für mich aufwendigen Aufgaben lagen meist in administrativen Tätigkeiten, die mir nicht nur Zeit stahlen, sondern mir auch schlecht von der Hand gingen. Aber wie kann man das lösen? In erster Linie brauchst du Klarheit über deine eigene Firmenstruktur und über mögliche Abläufe. Ein Organigramm kann dabei helfen. Ich würde aus heutiger Sicht jedem empfehlen, ein Organigramm aufzustellen, egal wie groß die Firma ist. Wie dabei deine aussieht, ist völlig egal. Entscheidend ist, dass es die Struktur der Firma abbildet. In der Regel steht oben der Geschäftsführer oder Inhaber. Darunter sind Teamleiter oder Abteilungsleiter, den Abteilungen sind wiederum Mitarbeiter zugeordnet.

Jetzt kann es sein, dass es Abteilungen gibt mit nur einem Angestellten. Dann ist das eben so. Das war bei mir auch der Fall. Entscheidend ist vielmehr, dass du es schaffst, bei steigender Mitarbeiterzahl in der jeweiligen Abteilung einen zu finden, der sprichwörtlich den Hut aufhat und Verantwortung übernimmt. Ich spreche bewusst nicht von Zu-

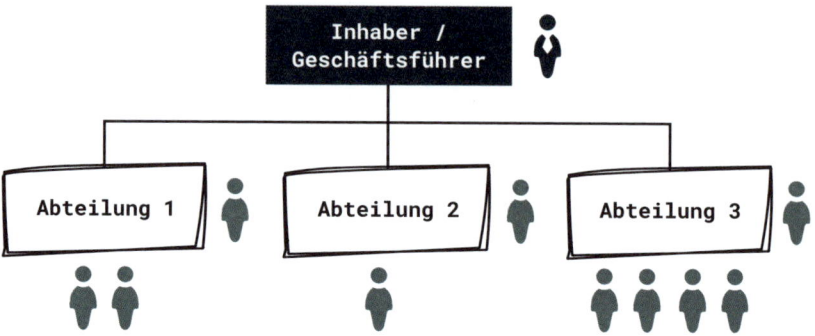

ständigkeiten. Diese gibt es aus meiner Sicht nur im öffentlichen Dienst – in Ämtern. Ich spreche von Verantwortung. Mache diese Teamleiter zu Mitunternehmern und übertrage frühestmöglich nicht nur die Aufgaben, sondern auch Entscheidungskompetenzen. Neue Mitarbeiter werden den einzelnen Abteilungen zugeordnet und du versuchst, dich nach und nach aus dem Tagesgeschäft zu verabschieden. Du musst es schaffen, die überflüssigste Person in deinem Unternehmen zu werden. Ich habe mir dabei immer vorgestellt, später wie im Fußball nur noch als Coach an der Seitenlinie zu stehen und die Profis auf dem Platz spielen zu lassen. Gut, ich habe überhaupt keine Ahnung vom Fußball, aber ich weiß, nach dem richtigen Training wird jeder Stürmer mehr Tore schießen als du jetzt. Und jeder ausgebildete Keeper wird besser den Ball parieren, als wenn du versuchst, gleichzeitig im Sturm und in der Abwehr zu spielen. Du musst eine Mannschaft aufbauen, bei der die Aufgaben klar sind und jeder das macht, was er am besten kann. Dabei muss die Truppe an den gemeinsamen Sieg und das gemeinsame Ziel glauben und du musst sie dazu motivieren. Das gelingt dir aber nicht, wenn du selbst mit auf dem Platz stehst und der Spielverlauf den Blick aufs Spiel trübt.

Unsere eigene Firmenstruktur ist bei dem Entstehungsprozess gewohnt kreativ ausgefallen. Wir haben alles auf den Kopf gestellt. Bei uns steht ganz oben der Kunde. Mein Anspruch war es, diesen über alles zu stellen und als festen Partner zu betrachten, um auf dessen Wünsche und Bedürfnisse einzugehen. Darunter stehen bei uns die Produkte und Leistungen, die von den einzelnen Experten bei uns in den jeweiligen Fachbereichen hergestellt oder erbracht werden. Darunter kommen dann die Fachgebietsleiter (FBL) und übergreifend über alle Bereiche trägt die Betriebsleitung die Verantwortung. Hier war es für mich naheliegend, unsere Katja mit langjähriger Erfahrung im Unternehmen für diese Aufgabe vorzusehen. Mit einem wachsenden Team haben wir uns verständigt, sie zu unterstützen und die Aufgabe auf zwei Betriebsleiter aufzuteilen. Während Katja vor allem den fachlichen Teil übernahm, kümmert sich Marko – unser Leiter „Kundenbegeisterer" – um den organisatorischen Teil. Ganz am unteren Ende der Karriereleiter steht in meinem Organigramm der Geschäftsführer, also ich.

Jetzt fragst du dich sicher: "Was um Himmels Willen ist ein Kundenbegeisterer?" Nach der Erstellung meines Organisationsschaubildes habe ich festgestellt, dass ich zwar die komplette Produktion und die offensichtlichen Abteilungen abgebildet hatte, dennoch fehlten mir zwei entscheidende Dinge, die vor allem mich entlasten sollten. Als erstes fehlten der Vertrieb und das Marketing. Unsere eigenen Drucksachen erstellte ein Grafiker mit freien Kapazitäten und daher verwundert es mich heute nicht, dass viele interne Projekte so lange dauerten bis zur Umsetzung. Weil genau diese arbeitsfreien Zeiten gibt es ja faktisch nie. Eine strategische Planung fürs Marketing blieb fast völlig aus und der Vertrieb, das war ich. Beratung und Aufmaß beim Kunden, Kalkulation und Angebote erstellen: alles aus einer Hand. Aus meiner. Wenn ich im Urlaub oder verhindert war, gab es keinen Vertrieb. Das konnte natürlich nicht so bleiben und ich entschloss mich, den ersten Mitarbeiter für den Vertrieb einzustellen. Marko hatte sich bei uns als Grafiker beworben und mir seine Referenzen im Vorstellungsgespräch vorgestellt. Diese hatten mich grafisch nicht wirklich überzeugt, aber er konnte sie mir perfekt verkaufen. Ziemlich schnell habe ich ihn gefragt: "Könntest

TÄUBERT-DESIGN

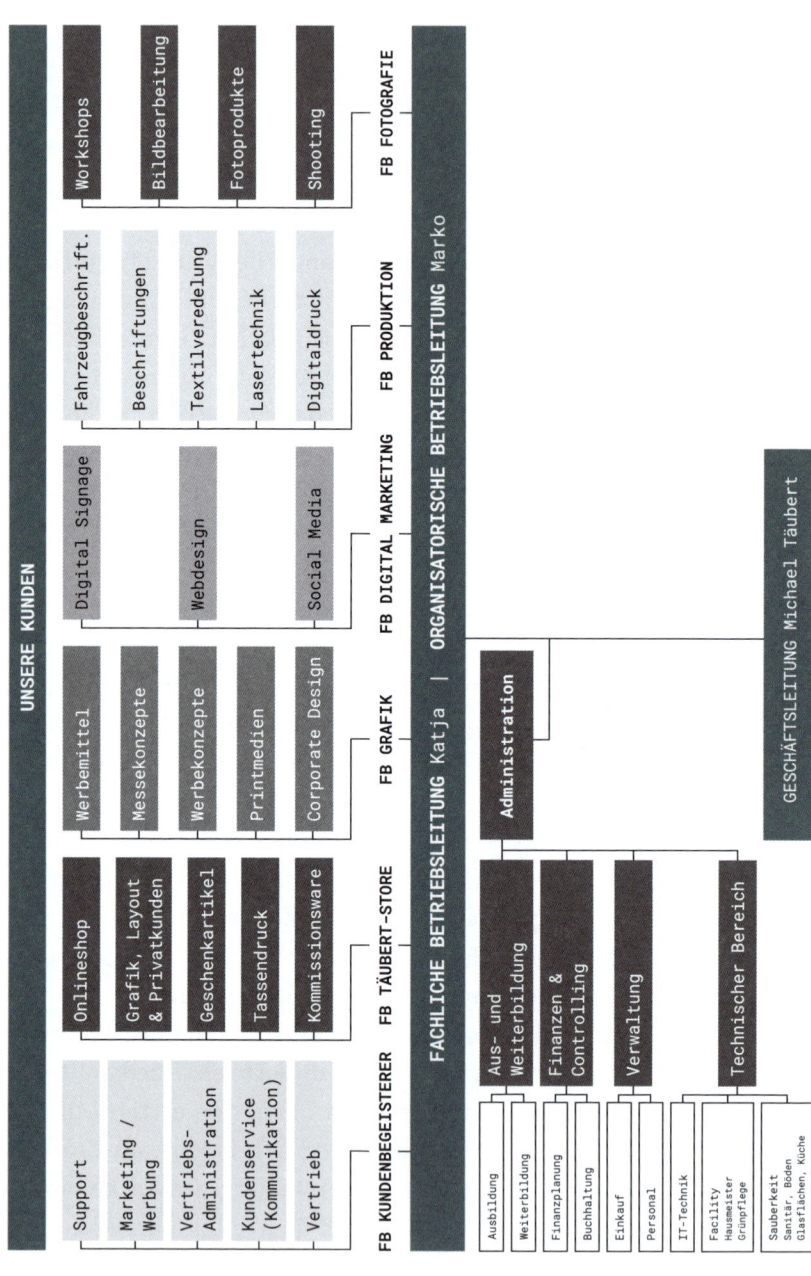

du dir vorstellen, bei uns das Thema Beratung und Sales mit zu übernehmen?" und schon war er bei uns eingestellt und half ab diesem Zeitpunkt den neuen Fachbereich aufzubauen. Gleich am ersten Tag haben
wir festgelegt, dass der Schwerpunkt natürlich der Verkauf, aber auch
die Betreuung unserer Kunden sein soll, was in letzter Zeit ziemlich
kurz gekommen war. Beim ersten Kundentermin stellte ich ihn stolz
vor: "Hallo Frau Müller, das ist Marko, unser neuer Kundenbetreuer"
Autsch, das ging voll in die Hose. Die Kundin sprach nicht begeistert:
"Ich brauche doch keinen Betreuer, Herr Täubert". Wie recht sie doch
hatte. Kein Entscheider im Berufsleben braucht einen Betreuer. Außerdem wollten wir unsere Kunden ja nicht betreuen, sondern begeistern.
Nach kurzer Überlegung sagte ich zu Marko: "Du bist kein Betreuer, du
bist ein Kundenbegeisterer." Somit wurde die neue Berufsbezeichnung
geboren. Wir überlegten uns wie das zukünftige Kundenbegeisterungsteam (KBT) mit Innen- und Außendienst, sowie Vertriebsmarketing
aussehen könnte und fügten diese Überlegungen in das Wunschorga-
nigramm ein. Schon nach kurzer Zeit fanden sich weitere Mitarbeiter,
die das Team erweiterten. Erst nach den ersten Erfolgen im Vertrieb
wurde mir bewusst, wie wichtig diese Aufgabe ist und welches Potential
ich in den letzten Jahren verschenkt hatte, indem ich versäumt hatte,
erstellten Angeboten nachzugehen. Nach einer gewissen Zeit, den Tele-
fonhörer in die Hand zu nehmen und Angeboten nachzutelefonieren
ist ein absoluter Mehrgewinn für den Vertrieb. Du hast ja Aufwand in
die Vorarbeit wie Beratung und die Kalkulation gesteckt. Jetzt ist es die
Aufgabe vom Kundenbegeisterer, den Deal komplett zu machen, mit einem Abschluss. Es ist nicht nur unsere Aufgabe, sondern unsere Pflicht,
den Abschluss zu machen. Alles andere ist unterlassene Hilfeleistung
vor allem, wenn du weißt, dass du ein gutes Produkt oder Leistung hast,
die deinem Kunden helfen, seine Wünsche zu befriedigen. In unserem
Fall ist das Produkt "Mehr Sichtbarkeit", um seine Ware oder Leistung
zu verkaufen oder die richtigen Mitarbeiter zu finden. Wie das geht, erfährst du im nächsten Kapitel.

Bei der Delegation von Vertriebsaufgaben darfst du etwas nicht außer Acht lassen: Vertrieb und Marketing sind Chefsache. Es ist deine Aufgabe, dein Unternehmen zu vermarkten. Behalte vor allem das Sales-Team im Blick und definiere Kennzahlen (KPIs), die deinen Vertrieb messbar machen. Hier kann ein Jahresumsatz oder Quartalsziel helfen,

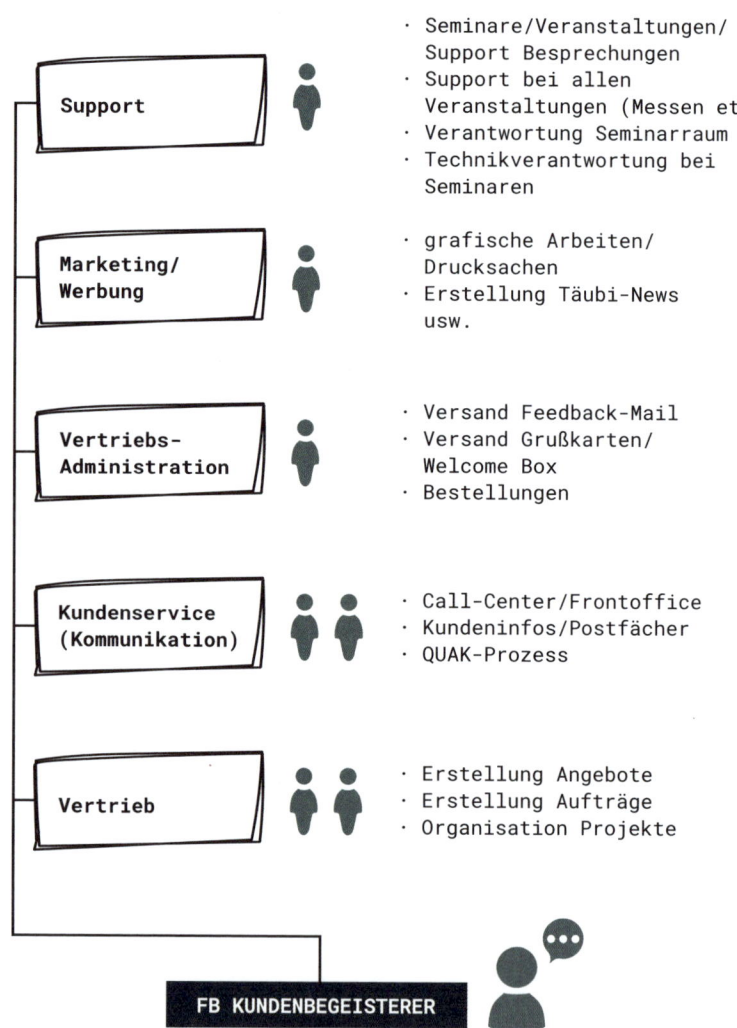

Es ist deine Aufgabe, den Abschluss im Vertrieb zu machen. Alles andere ist unterlassene Hilfeleistung.

diese Schwellenwerte zu definieren. Dafür können dich verschiedene Softwaretools unterstützen. Bleibe ebenfalls sprichwörtlich am Ball, um strategische Entscheidungen im Marketing zu entwickeln und deinen Vertrieb immer wieder zu motivieren.

Gerade am Anfang werden Kunden und Geschäftspartner deine Vertriebler nicht anerkennen und ihnen unterstellen, dass sie es nicht so gut können wie du selbst. Du hast dir diesen Kundenstamm über Jahre aufgebaut und viele wissen, wie du tickst. Die meisten wollen unbedingt die "Chefarztbehandlung" und du musst loslassen. "Vertraue und lass los!" Das üben wir jetzt noch einmal. "Vertraue und lasse los!" Ich habe die Erfahrung gemacht, dass es vor allem bei Neukunden viel leichter war, diese von meinem neuen Team zu begeistern. Wichtig ist dabei, die Kollegen entsprechend hochpreisig anzumoderieren.

"Frau Müller, darf ich Ihnen unseren Kundenbegeisterer empfehlen?"

"Er ist der Fachmann zum Thema XYZ und thematisch viel tiefer im Thema als ich."

So habe ich nach und nach vor allem neue Kunden durch die Mitarbeiter begeistern lassen und konnte mich anderen Aufgaben widmen. Im gleichen Atemzug habe ich mein Telefon aus der zentralen Rufnummer unserer Firma entfernt und die Rufweiterschaltung im Kundenbegeisterungsteam definiert. Anrufe gehen jetzt gleich bei den Kollegen ein, aber ein Effekt entsteht und beschert einem die nächste zu lösende Aufgabe. Gefühlt neun von zehn Anrufern wollen den Chef sprechen, weil er "im Thema ist" oder weil "ich ihn persönlich" kenne. Da fällt es gerade am Anfang schon schwer, Nein zu sagen und die meisten Anrufe schlagen dennoch zu einem durch. Als ich dann von Außenterminen wieder kam, klebten um meinen Monitor unzählige gelbe Klebezettel mit Rückrufbitte von allem und jedem.

Ist das der gewünschte Effekt der Delegation von Aufgaben? Ich glaube nicht. Im ersten Schritt bringt das keine Einsparung, da dieser Zustand nicht nur sehr viel Nacharbeit verursacht, sondern auch die Zeit der KBTler bindet. Ich habe zuerst alle Mitarbeiter angewiesen, auf Klebe-

[So sah mein Arbeitsplatz vor der Digitalisierung aus.]

zettel zu verzichten. Erstens verschwinden diese Teile bei mir ständig irgendwo und zweitens bieten sie keine Möglichkeit der Nachvollziehbarkeit und sind wahnsinnig analog. Die einfachste Möglichkeit für mich lag darin, per Mail die Infos zu erhalten. Ich habe eine E-Mail-Vorlage mit den drei Daten: Anrufer, Rückrufnummer und Anrufgrund erstellt und diese zentral auf dem Server abgelegt. Jeden Mitarbeiter schulte ich, diese Vorlage zu verwenden und mir die Mails mit "Rückrufbitte" zu senden. Die Autofahrten oder die Gassirunden mit Hund Spike nutze ich dann, um vom Handy aus diese Rückrufe zu erledigen. Hier empfiehlt es sich im Übrigen, mit der Firmennummer zurückzurufen, sonst haben bald alle Kunden deine Handynummer. Ja, auch diese Erfahrung musste ich machen. Unsere virtuelle Telefonanlage bietet die Möglichkeit, mit einer Softphone-App auch per Handy mit der Festnetznummer anzurufen. Über diese Anschaffung solltest du nachdenken, falls das bei dir bisher noch nicht möglich ist. Später habe ich das System durch ein anderes ersetzt, welches ich dir im letzten Kapitel "Digitalisierung" vorstelle. Für den ersten Moment hat sich diese Regelung jedoch schon gelohnt. Die Anzahl an Rückrufen habe ich reduziert, indem ich alle meine Mitarbeiter geschult habe, die ans Telefon bei uns gehen.

Du glaubst gar nicht, wie viele Kunden ich zurückgerufen habe, die dann fragten: „Habt ihr heute noch bis 18 Uhr auf?" oder der Klassiker „Macht ihr auch Passfotos?"

Das sind die Momente, bei denen du schreiend aus dem Fenster springen könntest. Aber kann man den Anrufern einen Vorwurf machen? Nein. Sie haben vielleicht jahrelang bei dir angerufen und waren es gewohnt, sich bei dir zu melden. Es ist deine Aufgabe, deine Mitarbeiter zu schulen für die Kunden da zu sein und die Fragen aus ihnen herauszuquetschen. Zum Beispiel das Abfragen des Grundes des Anrufes durch dein Vertriebsteam kann so eine Möglichkeit sein, dein Arbeitsaufkommen zu reduzieren. Bei uns hat das am Anfang nicht funktioniert: "Das kann ich nur dem Chef persönlich sagen", war eine oft gehörte Antwort. "Frau xxx, ich kann beim Chef nur Rückrufe einstellen mit Anrufgrund – mein System lässt sonst die Eingabe nicht zu", kann den Druck, mit der Info rauszurücken, erhöhen. Oftmals kommen dann Kundenfragen hervor, die bei uns vermutlich jeder im Team beantworten könnte. Als Alternative haben wir auch schon versucht mit dem Spruch: "Ich bin mir sicher, ich kann Ihnen auch weiterhelfen, mit Blick in den Kalender vom Chef kann ich heute keinen Rückruf mehr versprechen" das Potential des Anrufes zu heben. Wichtig ist hierbei: Verspreche nur Dinge, die du selbst garantieren kannst. Egal, ob als Chef oder Angestellter. Wenn du einem Kunden versprichst: "Der Chef ruft heute garantiert zurück", und er schafft es, aus welchem Grund auch immer, nicht den Anrufer zurückzurufen, sinkt deine Reputation beim Gegenüber. Daher verspreche nur Sachen, um die du dich selbst kümmerst. "Ich versichere Ihnen, dass ich gleich die Nachricht hinterlasse und die Info an den Chef geht". Bei einem möglichen weiteren Anruf des Kunden kannst du dir sicher sein, dass du alles dafür getan hast, diese Aufgabe zu erfüllen. Ich habe mir selbst immer angewöhnt, meinen Kollegen kurz auf die Mails mit "erledigt" oder "Kunde nicht erreicht" zu antworten, um diesen auch eine Rückmeldung zu geben. Leider fehlt bei dieser Variante die Möglichkeit der Delegation und der Nachvollziehbarkeit. Wenn du wissen willst, wie ich das gelöst habe, solltest du unbedingt weiter lesen.

Entscheidend ist vielmehr bei aller Digitalisierung und Erreichbarkeit über Handy oder Social Media: Du musst nicht immer erreichbar sein. Keine 48 Stunden am Tag. Und erst recht nicht jeden Tag.

Wenn du jede Aufgabe selbst erledigst, bist du der teuerste Brieföffner der Welt.

Administrative Aufgaben eliminieren oder delegieren

Ich habe mir einen weiteren weißen Zettel genommen und mir überlegt, welche Aufgaben ich denn noch um mich sammle. Auf das Blatt habe ich in der Mitte meinen Namen geschrieben und außenherum, wie in einer Mindmap, die Aufgaben, die meinen Alltag beschäftigten. Buchhaltung, Einkauf, Ausbildung, Schulung, Vertrieb, Gespräche mit dem Steuerbüro, Versicherungen und so weiter und so weiter. Alle Aufgaben wurden zur Chefsache erklärt und ich war der Meinung, nichts abgeben zu können, weil keiner es so gut und gewissenhaft kann wie ich. So ein Blödsinn.

Ich hasse Buchhaltung und ich liebe Innovation. Kreativität kannst du nicht bei der Buchhaltung auslassen. Das muss dir klar werden. Meine Hassaufgabe war es, Belege zu den bestehenden Kontoauszügen zu heften. Es gab für mich nichts Schlimmeres und ich habe am Tag, als unsere externe Buchhalterin kam, schon förmlich morgens schlecht gelaunt begonnen. "Herr Täubert, da fehlt noch der Beleg zur Buchung...", zack und ich war demotiviert. Aber willst du das ertragen? Es gibt einen, der das ändern kann und zwar Du. Also weg mit dieser Aufgabe.
Von diesen gab es unzählige und mir war bewusst, diese Aufgabe musste ich delegieren. Jetzt sagst du sicher wieder: „Ja, aber dann sieht die oder derjenige meine Zahlen. Ja, stimmt" – aber wenn du darüber nicht stehst, wird es dir nicht gelingen, deine Aufgaben zu delegieren. Wenn du so denkst, dann ist Buchhaltung Chefsache. Personal, Steuern, Ver-

sicherung, Behörden aber auch. Dann drehe weiter dein Hamsterrad und mache es zum Goldenen Hamsterrad Deluxe. Nein, im Ernst. Du musst abgeben und vertrauen. Spätestens bei Abgabe der Unterlagen im Steuerbüro hast du keinen Einfluss mehr darauf, welcher Sachbearbeiter die Daten sieht. Und jetzt frage dich mal ganz ehrlich: Traust du es anderen zu, bessere Personalentscheidungen zu treffen als du selbst? Warum sollte der Steuerberater einen vertrauenswürdigeren Mitarbeiter ausgewählt haben als du selbst? Oder gar nachgelagerte Behörden, die sich deine Unterlagen zu Gemüte ziehen und prüfen? Unzählige Male liest man in der Zeitung über die Einstellung von nicht fachkundigem Personal in Landesämtern. Von den Besetzungen, bei denen das Parteibuch eine größere Rolle als die Qualifikation gespielt hat. Diese Tatsache kannst du nicht ändern. Aber ob du dich mit weiteren Aufgaben selbst belastest oder einfach über deinen Schatten springst, liegt an dir. Ich habe mich, obwohl es mir schwer gefallen ist, dafür entschieden, die Aufgaben wegzugeben. Buchhaltung war die erste der störenden Arbeiten, die ich delegiert habe und es sollten noch unzählige folgen. Ich habe aus der Mindmap eine Prioritätenliste erstellt. Mit "1" habe ich alle Aufgaben markiert, die sofort delegiert werden und ab sofort nicht mehr von mir erledigt werden. Hierfür ist im Übrigen im besten Fall eine Prozessdokumentation gefragt. "2" haben alle Aufgaben erhalten, die ich gerne abgeben würde, aber noch nicht weiß wie oder wo es an Prozessen fehlt. Mit "3" habe ich die To-Dos markiert, die ich weiter ausführen MUSS. Das ist entscheidend. Frage dich bitte, ob du diese Aufgaben machen musst. Ich bin überzeugt davon, dass bei den meisten 3ern nur in deinem Kopf ein MUSS herrscht. Sicher kannst du auch hier einen Großteil dieser delegieren, wenn du die Vorgaben der Erledigung dokumentiert hast und endlich vertraust. Ich möchte jetzt nicht sagen, dass du blind deiner Buchhaltung oder anderen Mitarbeitern glauben sollst: Ich empfehle, die D-D-K-Methode dabei anzuwenden.

Stelle Regeln auf und
kontrolliere diese!
Was du duldest,
bekommst du.

Die D-D-K-Methode – Delegieren: aber richtig

Meine D-D-K-Methode beginnt mit der Delegation und endet mit der Kontrolle. D-D-K steht in dem Fall für delegieren, dokumentieren und kontrollieren.

Wenn eine Aufgabe delegiert wird, ist es wichtig, dass jeder Mitarbeiter oder Kollege nicht nur den konkreten Auftrag von dir erhält (D), sondern auch das zweite D beachtet wird. Gemeint ist hiermit die Dokumentation und das von beiden Seiten. Der Delegierende hat die Pflicht, die delegierte Aufgabe klar zu dokumentieren und zu formulieren. Hierbei ist es wichtig, dass du deine Erwartungshaltung klar darstellst. Ich glaube, hier entstehen die meisten Probleme, dass dem Empfänger der Aufgabe gar nicht klar ist, was das Ergebnis der Aufgabe sein soll. Definiere daher dein gewünschtes Ziel und deine Erwartung bei der Ausführung, falls diese vorhanden sind. Hierbei kann es hilfreich sein, einem Mitarbeiter Leitlinien vorzugeben, in denen er sich bewegen kann. Wichtig ist jedoch auch die Dokumentation der erledigten Aufgaben. Also ist der Empfänger der delegierten Aufgabe verpflichtet, seine Arbeitsschritte zu dokumentieren. In der Regel machen wir das in einem System und schriftlich. Jetzt kommt es natürlich vor, dass ein Mitarbeiter das nicht einsieht und sich dagegen wehrt. Es liegt jedoch an dir, wie du damit umgehst. Wenn du es duldest, bekommst du genau das und sie werden es weiter ausnutzen. Darum dulde es nicht! Gib Vorgaben ganz klar aus, bis wann du die Erledigung der Aufgabe erwartest und mit welchem Ergebnis bzw. welcher Rückmeldung. Im nächsten Schritt kontrollierst du es. Stelle dir vor, auf Straßen würde überall ein Tempolimit von 50 km/h herrschen und keiner würde es kontrollieren. Würdest du dann immer 50 fahren? Vielleicht am Anfang. Später aber nicht mehr. Wenn du es brauchst, fährst du schneller. Wenn es sinnvoll ist, wie zum Beispiel vor Kindergärten, fährst du langsamer. Besonders vor dem Kindergarten, wo dein Kind oder das Patenkind hingeht. Komisch, oder? Warum hältst du dich daran? Wenn dich dann die Polizei kontrolliert, findet jeder bei Überschreitung wunderbare Ausreden.

Und genau so ist es mit den delegierten Aufgaben in deinem Unternehmen. Wenn du nicht die Ordnungsmacht spielst und Kontrollen durchgeführt werden, werden die Grenzen nach und nach verschoben. Im Rahmen der Möglichkeiten. Es sei denn, man selbst oder sehr verbundene Angehörige sind davon betroffen. Oder der Sinn der Aufgaben ist so gut erklärt, dass der "Aufgabenerfüller" darin eine Berufung findet. In allen anderen Fällen musst du es kontrollieren oder zumindest den Beteiligten das Gefühl geben, du machst es und könntest es jeder Zeit.

Ich möchte dir ein einfaches Beispiel an die Hand geben, um die D-D-K-Methode zu verdeutlichen. Bleiben wir bei dem Thema Buchhaltung. Ich habe die Aufgabe, "Belege digitalisieren und abheften" delegiert. In unserer Wissensdatenbank (Erklärung kommt im Kapitel Digitalisierung) habe ich dokumentiert, wer diese Aufgabe und unter welchen Bedingungen übernimmt. Außerdem habe ich beschrieben, dass die Daten bis zum 5. des Monats ans Steuerbüro übermittelt werden müssen. Eine Liste in der Cloud vermerkt die entsprechenden Zahlen und das Versanddatum zum Steuerbüro. Ich habe nun jederzeit die Möglichkeit, nachzuprüfen, ob es erledigt ist und die ersten Male habe ich es auch kontrolliert. Später habe ich dann immer stichprobenartig die Abarbeitung geprüft, bis ich dazu übergegangen bin, den Rhythmus immer länger zu wählen. Somit war die Aufgabe "Buchhaltung" delegiert und ich konnte mich anderen, für mich wichtigeren Dingen, zuwenden. Deine Aufgabe als Unternehmer ist es, dich auf die EPM zu konzentrieren. Gemeint sind damit die Einkommen-Produzierenden-Maßnahmen in deinem Unternehmen. Du musst es schaffen, nicht deine Produkte, sondern deine Firma als

Produkt zu verkaufen. Das hilft auch dabei, die richtigen Mitarbeiter für diese Aufgaben zu gewinnen.

Im nächsten Schritt geht es darum, alle mit "2" markierten Dinge von dir wegzubekommen. Als ich damit begonnen habe, habe ich eine To-Do-Liste geschrieben und markiert, in welcher Reihenfolge ich dokumentieren und dann delegieren muss. Die digitale Liste ist jeden Tag länger geworden, wenn mir zusätzlich neue Sachen einfielen, die mich im Berufsalltag nervten und es wurde nichts umgesetzt, weil das Tagesgeschäft es überhaupt nicht zuließ. An dieser Stelle musst du reagieren und konsequent sein, sonst bekommst du die Aufgaben nicht weg. Ja, ich spreche hier von ein paar Stunden extra. Was extra? Ja extra! Du musst dich hinsetzen und Schritt für Schritt alles aufschreiben, wie du die Aufgabe haben willst und was die einzelnen Folgeschritte sind. "Aber das macht ja mehr Arbeit als, wenn ich es selbst mache...", höre ich immer in meinen Seminaren. JA! Aber nur einmal. Danach wird es leichter bzw. ist das Zeitfenster für dich frei. Ich habe mich dazu gezwungen. Ich habe mir Termine in meinem Kalender geblockt, an denen ich 2er Aufgaben dokumentierte und dann delegierte. Zuerst Termin geblockt, dann alles aufgeschrieben und dann Mitarbeiter geschult. Und das Aufgabe für Aufgabe, bis alle To-Dos um mich herum weg waren. Hat das lange gedauert? JA! Hätte ich damit viel eher anfangen sollen? JA! Darum beginne am besten noch heute und trage jetzt einen Termin in deinem Kalender ein, den du dafür blockst. Sollte jemand versuchen, dich bei diesem Termin zu stören oder diesen zu schieben, sage: Nein. Es ist deine Entscheidung, was andere mit deinem Terminkalender machen. Hier gilt das gleiche wie bei den Mitarbeitern: "Du bekommst das, was du duldest", wenn du es zulässt, dass andere über deine Zeit und deinen Kalender bestimmen, dann werden sie es machen. Dann jammere nicht rum. Gehe das Thema Delegieren von Aufgaben jetzt an und schaffe dir mehr Freizeit für dich und deine Liebsten. Im Übrigen, auch wenn ich in diesem Kapitel vor allem über Unternehmen schreibe. Alle diese Maßnahmen sind auch auf dein Familien- oder Vereinsleben übertragbar. Ich habe das so angewendet und meine Kinder hassen den Dozenten, der mir das beigebracht hat. Ich muss jedoch zugeben, dass es im Business deutlich besser funktioniert als im Privaten. Im Unternehmen gelingt es mir, viel besser durchzuziehen als zu Hause. Und leider wissen sie genau das.

Niemals aufgeben – kein Kunde ist verloren

Dennoch ist es mir immer wieder vorgekommen, dass ich Aufgaben aus Leidenschaft dennoch selbst gemacht habe, es ausprobieren wollte, um den Hintergrund oder den Ablauf zu kennen oder dazu gezwungen wurde. Letzteres ist mir bei der Geschichte, als ich den Kiosk im Greizer Sommerbad übernommen habe, passiert. Jetzt wirst du dich sicher fragen: "Wie kommt der Kerl jetzt zum Kiosk?" Ich saß bei einem Geschäftsführer, der in meiner Heimatstadt einige Unternehmen in Personalunion führte. Darunter das Veranstaltungsteam, für das wir viel und regelmäßig Werbung produzierten und auch die Freizeiteinrichtungen wie das Freibad. Für die Betreibung des Kiosk hatte er unlösbare Sorgen, einen Betreiber zu finden und hatte mich mit Nachdruck begeistert, diesen mit unserer Tochterfirma Täubert-Concept zu übernehmen. Mit Nachdruck? Er hatte mich mehr oder weniger gezwungen und ich stellte mich dieser Aufgabe. Ein bisschen Gastroerfahrung hatte ich durch unseren Imbiss Ess-Kurve und die Events. Die Badesaison war schon gestartet und ich stolperte Hals über Kopf in die Situation. Schnell richteten wir den Kiosk ein, um die Klassiker in jedem Sommerbad anzubieten. Eis, Getränke und Pommes. Es war Donnerstag und ein heißes Wochenende stand bevor. Ich rief meinen Lebensmittelgroßhändler an, um die Ware vorzubestellen. Ich bestellte neben vielen Kleinigkeiten und der ganzen Ware 30 Kilo Pommes. Die Vertriebsleiterin empfahl mir, die erste Lieferung auf 70 Kilo zu erhöhen. Ich hatte keine Ahnung, aber folgte ihrer Empfehlung. Am nächsten Tag kam die

Lieferung und ich dachte, mich trifft der Schlag. Noch nie habe ich so viele Pommes auf einem Haufen in Form von Kartons gesehen. Fleißig räumte ich alles in die Kühltruhen und Gefrierschränke. Draußen warteten schon die zahlreichen Kinder auf die erste Portion. Aus Personalmangel und auch aus Überzeugung, es erst einmal selbst zu versuchen, stellte ich mich in die Küche. Mit vier Gastrofriteusen fritierte ich eine Ladung nach der nächsten und die Schalen mit den Kartoffelprodukten gingen nur so über den Ladentisch. Portion für Portion, bis meine Frau aus dem Lager rief: "Pommes aus!" Was? Ich hatte tatsächlich 70 Kilo Pommes gebraten. Genauso roch meine Kleidung. Ich habe mich selbst gefühlt wie eine frittierte Kartoffelspeise. Nachdem ich den ganzen Tag Pommes zubereitet und die Küche geputzt hatte, war ich so froh, endlich unter der Dusche zu stehen und danach ins Bett zu fallen. Aber wie sollte es am nächsten Tag laufen? Wir waren ja ausverkauft und das Wetter stand auf Sommerbetrieb. Leider konnte unser Lieferant am nächsten Morgen nicht liefern und so stellte ich mir den Wecker und war bei der Ladenöffnung der erste im Großmarkt. Bis auf die letzten Pommes kaufte ich diesen leer und die Tortur mit dem Liefern und Einräumen begann von vorne. Zugegeben, ich war noch etwas angeschlagen vom Vortag und der Woche. Ich hatte ja bereits durch Events zwei Wochen ohne Pausen durchgezogen und fürs Wochenende war nicht wirklich Personal für den Kiosk verfügbar. Noch während ich das Gefriergut verstaute, klopfte eine blonde Dame ans Fenster, um mir mitzuteilen, dass es doch jetzt mal was zu essen geben möge und warum denn der Kiosk noch nicht auf sei. Sie fand leider keine so positiven Worte für den nur für sie gefühlten Zeitverzug. Schließlich hatten wir keine definierten Öffnungszeiten. Ihr war es einfach zu spät und das brachte sie deutlich zum Ausdruck: "Hierher komme ich nie wieder. Ihr könnt euer Zeug zukünftig selbst ****." – Während ich ihr erklärte, dass wir bald öffnen, war meine Frau außer sich: "Die muss doch spinnen. Weiß die nicht, was wir hier leisten?", schimpfte sie in ihrem Warenlager und brachte wiederum ihren Protest zum Ausdruck. Wir schlossen also die Vorbereitungsarbeiten ab und bedienten unsere Gäste. Als sich der erste Ansturm gelegt hatte, kredenzte ich zwei leckere Eiskaffee, um sie auf die Liegewiese zu bringen. Sehr zur Verwunderung meiner Frau. "Was hast du denn damit vor?", fragte sie mich. "Ich bringe sie zu unserer Freundin und trinke mit ihr jetzt Eiskaffee." Sie war außer sich: "Zu der blöden Kuh? Du spinnst doch!" Kein Kunde ist verloren. Ich habe die leeren Pommeskartons vom Vortag vor dem Kiosk gestapelt, bin zu ihr gegangen und habe gefragt, ob ich mich zu ihr setzen kann. Gerne habe ich zu meinem kalten Getränk eingeladen und gefragt, ob ich ihr eine kleine Geschichte erzählen darf. Sie bejahte. Ich berichtete ihr von der Story, wie ich zu dieser tollen Aufgabe "Sommerbad-Kiosk" gekommen war und über die Alternativlosigkeit des Badbetreibers. Danach begann der Dialog:

Ich: "Schätze doch mal, wie viele Pommes in die Kartons dort vor dem Imbiss passen?"

Sie: "Keine Ahnung!"

Ich: "Siehst du, bis gestern wusste ich das auch nicht – es sind 70 Kilo. Schätze mal, wie lange dieser Vorrat reicht?"

Sie: "Keine Ahnung, bestimmt einen Monat."

Ich: "Cool, was uns alles verbindet. Du bist ebenso ahnungslos wie ich. Bis gestern habe ich das auch geglaubt."

Danach erzählte ich ihr mein Erlebnis vom Vortag und was ich unternommen hatte, um wieder Ware für das bevorstehende Wochenende zu organisieren. Die Situation öffnete ihr die Augen und führte zum Umdenken. "Entweder wir halten hier ein bisschen zusammen und nehmen gegenseitig ein bisschen Rücksicht oder es wird hier vermutlich keinen Kiosk mehr geben", beendete ich das Gespräch und nahm den leeren Becher Eiskaffee wieder mit. Nie wieder hat sie sich über die Zeiten beschwert und ist heute eine treue Stammkundin in unserem Kiosk. Regelmäßig kommt sie heute nach dem Mittagsgeschäft und passt auf den Kiosk auf, um das Personal zum Abkühlen ins Wasser zu schicken. Inzwischen betreiben wir den Kiosk die dritte Saison. Dafür haben wir Personal gefunden und eingearbeitet. Ab und zu stelle ich mich, wenn ich Lust habe, dennoch in den Kiosk. Hier bekommst du

[Manchmal können zwei Eiskaffee
zum Problemlöser werden]

kostenlose Unternehmensberatung zum Thema Einwandbehandlung und Konfliktmanagement. Eins habe ich dabei gelernt: Gebe niemals auf. Kein Kunde ist verloren. Kämpfe um jeden, auch wenn es manchmal schwer fällt.

Das Gleiche gilt übrigens im Vertrieb. Ich denke oftmals an einen heutigen Freund zurück, der für mich das Paradebeispiel für einen konsequenten Vertriebler ist. Kennengelernt habe ich ihn, als er bei mir ohne Termin im Büro aufschlug und versuchte, mir Warentrenner mit Werbung zu verkaufen. Gemeint sind diese Teile, die beim Discounter auf dem Kassenband zwischen den Einkäufen liegen. Diese kann man mit Werbung der Firma bedrucken und genau das Thema vertreibt er. Ich finde diese Art von Marketing nicht zielführend und habe nicht bei ihm abgeschlossen. Immer und immer wieder kam er zu mir und führte Small Talk und ließ sich in regelmäßigen Abständen sehen. Dabei immer sehr höflich per Sie und immer mit kleinen Goodies im Schlepptau. Jedes Mal, wenn er uns besuchte, hatte er für die Mädels einen kleinen Sekt dabei oder für die Jungs ein selbst gelabeltes Bier. Jedes Mal fuhr er ohne Abschluss wieder. Beim fünften Termin fingen wir an zu duzen und er hatte den ersten Auftrag für mich dabei, den wir drucken sollten. Wieder fuhr er ohne Vertrag nach Hause. Ich war wirklich nicht vom Produkt überzeugt. Aber er hat sich nicht abhalten lassen. Eines Tages ging bei mir wieder die Bürotür auf und er kam mit den Worten: "Hey, ich bin wieder da. Ich bin heute übrigens das 10. Mal hier und heute mache ich den Abschluss mit dir!" Ich habe keine Ahnung warum, aber genau so war es. An diesem Tag habe ich zwar nur einen kleinen Vertrag abgeschlossen, aber ich habe mit ihm ein Geschäft gemacht. Warum berichte ich über diesen Verkäufer? Er hat es perfekt gemacht und war mir daher sympathisch. Schlussendlich habe ich bei ihm und wegen ihm gekauft. Nicht das Produkt. Darum sage ich meinen Kundenbegeisterern immer: Höfliche Hartnäckigkeit hilft. Wenn du ein gutes Produkt hast und weißt, dass es deinem Kunden hilft, dann ist es deine Aufgabe, ihm dieses zu verkaufen. Wenn du es nicht immer und immer wieder versuchst, dann ist das in meinen Augen unterlassene Hilfeleistung. Daher musst du dran bleiben. Und du musst deinen Kunden sagen, was sie machen müssen. "Heute kaufen Sie bei mir!", ist hart, aber man sieht in meinem Fall, dass es funktioniert. Natürlich nur, wenn die menschliche Basis stimmt. Bei Social Media Marketing ist es übrigens genauso. Du musst den Followern sagen, was sie machen sollen. "Schreib uns eine Nachricht", "Kommentiere den Beitrag" oder "Teile diesen Beitrag", schreibe ich oft unter meine Posts, um meine Follower zu einer Handlung zu animieren. Vielleicht hast du das selbst schon einmal bei mir gesehen oder hast Beiträge geteilt, wenn du dazu aufgefordert wurdest. Heute arbeitet der von mir beschriebene Außendienstler übrigens nicht mehr bei dieser Firma. Er vertreibt heute Buswerbung bei einer der größten Buswerbefirmen Deutschlands. Nach unserem Wiedertreffen sind wir in das Geschäft eingestiegen und drucken heute für diese Firma. Gleich nach dem Start der Zusammenarbeit hatten wir so viele Aufträge im Digitaldruckbereich, dass wir über eine Ausweitung der Produktionszeiten nachgedacht haben. Später haben wir uns dafür entschieden, einen zweiten Digitaldrucker in der gleichen Größe anzuschaffen, um das Druckvolumen zu bewältigen. Genau zu dem Zeitpunkt hat ein Marktbegleiter seine Maschinen abgestoßen und sich neu aufgestellt. In einer Nacht- und Nebelaktion haben wir eine seiner gebrauchten Maschinen gekauft und zu uns transportiert. Ich glaube, ich brauche dir nicht zu sagen, dass ich diese Maschine von keiner Bank der Welt finanziert bekommen hätte. Eine Maschine, die ein anderes Unternehmen aus finanzieller Sicht abstößt, war jetzt beim Finanzierungsgeber nicht so gern gesehen. Da half auch nicht die Argumentation über die Aussicht Deutschlands erfolgreichste Buswerbefirma zu werden. Die Vision hatte irgendwie nur ich im Kopf und sie war schlecht auf die Bank zu transportieren. Egal, ich habe meine komplette Rücklage verwendet, um diese Maschine inkl. Zubehör zu kaufen und wollte den Buswerbemarkt dominieren. Von nun an produzierten wir die XXL-Digitaldrucke auf zwei Maschinen an rund 10 Stunden am Tag. Oftmals liefen diese auch über Nacht und druckten und druckten. Später wurden wir für die Region Thüringen, Sachsen und Franken als Premiumpartner gelistet und druckten nicht nur die Buswerbung, sondern montierten diese auch. Das heißt aktuell, unser Verklebeteam fährt die Busunternehmen an und klebt dort die riesigen Folienbahnen vor Ort. So wurde aus einem hartnäckigen Verkäufer erst ein Geschäft und später eine Kooperation. Daher mein Tipp: Nehme jeden Kontakt ernst. Du weißt nie, wie es mal kommt.

Gerade durch die vielen Busbeschriftungen sind wir für das Thema XXL-Digitaldruck immer bekannter geworden. Unser Kundenkreis hat sich dabei stetig erweitert. Während der Radius in den ersten Jahren der Firma maximal 50 Kilometer um unseren Firmenstandort betrug, sind wir später zu Kunden gefahren, die von der Entfernung her ohne Übernachtung erreichbar waren. 2022 kamen durch unsere Präsenz zunehmend mehr Anfragen aus ganz Deutschland und auch aus dem deutschsprachigen Raum, aus Österreich und der Schweiz. Eine Anfrage kam von einem kleinen Betrieb aus Maria Alm in den Alpen mit der Bitte, die neuen Arbeitsbühnen zu beschriften. Der Firmenchef bat uns, das Design zu übernehmen und das Logo und Layout zu überarbeiten. Wir haben begonnen ein sehr aufwendiges und auffälliges Erscheinungsbild zu entwickeln. Leichtgläubig sagte ich noch zu unserer Grafikerin: "Lass es richtig krachen. Das wird eine riesige Aufgabe, das zu verkleben. Wir müssen es ja nicht machen". Gesagt, getan hat sie ein mega ansprechendes Layout erstellt und nicht nur die Arbeitsbühnen, sondern auch die Fahrerhäuser komplett gestaltet. Selbst das Dach und die Rückseiten der Kabinen waren aufwendig geplant. Nicht nur ich, sondern auch der Kunde war begeistert. Als er es seinem Werbetechniker vor Ort zeigte, stellte dieser fest, dass er es nicht herstellen konnte. Kurzerhand haben wir uns entschlossen, es bei uns zu drucken, zu laminieren und zu verarbeiten und dann nach Österreich zu senden. Insgesamt über 70 Quadratmeter Folie wurden für den ersten Auftrag bedruckt und verschickt. Nachdem es angekommen war, erhielten wir einen Anruf vom Kunden. Sein Werbetechniker hatte den ersten Karton ausgepackt und

[Nicht nur die Drucke, sondern auch die Herausforderungen wurden größer] festgestellt, dass er sich die Montage nicht zutraut. Die Anfrage kam prompt, ob wir uns vorstellen könnten, es zu verkleben. Natürlich beim Kunden in Österreich. In einem Gespräch mit unserer Produktionsleiterin wurde mir klar, dass es sich nicht nur um zwei Arbeitsbühnen, sondern auch um die kompletten Fahrzeuge und noch einen Pick-up in Komplettfolierung handelte. Sie schätzte den Aufwand auf zwei Wochen mit zwei bis drei Mitarbeitern. Das war überhaupt nicht möglich. Wir konnten in der aktuellen Lage nicht so lange auf unsere Werbetechniker verzichten. "Das muss doch in einer Woche machbar sein", habe ich leichtsinnig behauptet und wollte sie animieren, es durchzuziehen. Doch sie traute sich nicht. Viele Faktoren sprachen dagegen. Es war weit weg, man kannte die Situation vor Ort nicht, es durfte nichts schief gehen, weil eine Nachproduktion nicht in der Kürze der Zeit möglich war. Was machst du jetzt, wenn sich deine Mitarbeiter diese Aufgabe nicht zutrauen und du der Meinung bist, dass es geht? Ganz klar: Du musst es vormachen. So entschied ich mich zusammen mit meinem Sohn Robin die Aktion durchzuziehen. Ja, er hat erst einmal komisch geschaut, als ich sagte, es geht nach Österreich. Aber ich war überzeugt, dass es klappt. Wir sind also am Sonntag gen Süden gefahren. Auf dem Weg haben wir noch zwei Telekomkästen für einen Kunden in Bayern beschriftet und wollten am Abend beim Kunden ankommen. Unterwegs hatten wir noch einen Platten und mussten die letzten 30 Kilometer auf dem Notrad fahren. Ich gebe zu, mein PKW war vermutlich etwas überladen. Am Montagmorgen starteten wir also bei bester Aussicht über die Alpen mit der Beschriftung. Leider haben wir außer die Betonwände der Industriehalle relativ wenig von der schönen Gegend gesehen. Unser Anspruch war es ja auch, innerhalb von einer Woche fertig zu werden. Wir gaben Vollgas. Früh um acht angefangen und abends um acht aufgehört. Die ersten beiden Tage. Ab Mittwoch hängten wir abends noch 2 Stunden daran, um den Auftrag fertigzustellen. Quadratmeter für Quadratmeter Digitaldruckfolie verklebten wir und es nahm einfach kein Ende. Am Freitag hatten wir ein kleines Event in Greiz geplant und wollten bis dahin wieder zurück sein. Das haben wir leider nicht geschafft. Wir sind schlussendlich am Freitagabend fertig geworden, haben dann aber entschieden, erst am Samstag zurückzukehren. Auch auf der Rückfahrt, wie soll es anders sein, haben wir noch weitere drei Telekomkästen beschriftet. Als wir zurück waren, wurden wir als Weltmeister vom Team gefeiert. Manchmal muss man einfach mal Eier haben, das Unmögliche wagen und einfach vormachen. Ich möchte für meine Mitarbeiter immer ein Leader sein, der führt und nicht andere vorschickt. Das war immer mein Anspruch.

[Robin und ich beim Beschriftungsauftrag mit XXL-Digitaldruck in Österreich]

DIGITALISIERUNG, SYSTEME UND PROZESSE

Starte jetzt mit Digitalisieren – auch, wenn der Anfang schwer ist

Scan, Cloud, eBusiness usw. – die ganze Welt spricht von Digitalisierung. Aber wo fängt man denn im eigenen Unternehmen an? Wie sind die ersten Schritte, um endlich den Papierhaufen aus dem Büro zu verbannen. Diese Frage habe ich mir immer wieder gestellt und anfänglich die Digitalisierung vor mir hergeschoben. Vielleicht geht es dir ähnlich, aber ich kann dir versprechen: Wir beide werden es nicht aufhalten. Die künstliche Intelligenz ist nicht im Anmarsch. Sie ist schon da. Die Digitalisierung schon lange. Ich bin davon überzeugt die fehlende Umsetzung in dein eBusiness liegt nicht an der Faulheit oder am Alter. Sie liegt einfach an der Tatsache, dass viele Abläufe und Prozesse nicht klar sind und daher nicht digitalisiert werden können. Dass es nicht am Alter liegt, beweist mein Opa. Mit inzwischen knapp 80 Jahren sitzt er fast täglich an seinem Notebook, hat Whatsapp, ja man kann schon sagen, er stalkt meine Storys. Aber ich finde es super. Mein Opa ist einer meiner treuesten Fans. Außerdem schneidet er jeden Zeitungsartikel aus, in dem ich erwähnt oder per Foto abgedruckt bin. Regelmäßig informiert er sich über neue Systeme und Software und stellt Fragen, wie das eine oder andere am Rechner funktioniert. Es liegt also nicht am Alter, sondern am fehlenden System. Schaffe dir hier ebenfalls eine Übersicht und denke darüber nach, welche Teilgebiete du digitalisieren willst und welche Abfolge du dazu brauchst. Aber was genau ist denn überhaupt ein System oder ein Prozess? Oder wie baut man diesen auf?

Wenn ich heute in Vorträgen über die genauen Abläufe in unserer Firma berichte, dann mahnt mich immer meine Betriebsleiterin, nicht zu streng mit den Teilnehmern zu sein und erinnert mich an unsere Anfänge und ihren ersten Arbeitstag bei uns in der Firma 2011. Sie hat dabei vollkommen recht. Auch wir haben irgendwann einmal angefangen, den ersten Arbeitsauftrag zu dokumentieren. Gemeint von ihr ist der erste Auftrag, den sie von mir erhalten hat. Am Vorabend hatte ich einen Unternehmer in einem Pilspub getroffen, der mir einen kleinen Auftrag erteilte und ich hatte diesen ringsum auf einen Bierdeckel geschrieben und ihr am nächsten Tag kommentarlos auf den Platz gelegt. Weder Kontaktdaten noch Name des Auftraggebers waren notiert. Ich hatte alles im Kopf. Aber das war ja schließlich kein Prozess und wenn man genau hinterfragt, ist es heute in vielen kleinen Firmen noch genauso. Für die meisten Sachen gibt es keinen Standard und keinen Ablauf. Genau das müssen wir ändern. Im ersten Schritt verschriftlichen wir den Prozess und im zweiten machen wir ihn sichtbar und leichter verständlich. In dem konkreten Fall mit dem Bierdeckel haben wir uns die Frage gestellt: Welche Informationen braucht der Auftrag und wie sind die weiteren Schritte und was müssen wir dabei beachten? Ziemlich schnell ist ein Auftragszettel entstanden mit den Kontaktdaten oben, der Art der Leistung oder des Artikels, der Produktionsschritte und wichtigen Infos wie Lieferzeitraum und Details für die Buchhaltung wie Auftrags- und Rechnungsnummer. Immer und immer wieder wurde dieser Auftragszettel weiter ausgebaut und verändert. Inzwischen gibt es vermutlich die 50. Version davon. Kleiner Tipp: Starte gleich am Anfang damit, eine Versionsnummer auf den Zettel zu drucken. Ich verspreche dir, du wirst ihn ändern und Langläufer-Zettel in deiner Firma nach Jahren wieder finden und dich fragen, warum die Informationen fehlen. Hier gilt die Devise wie bei vielen Überlegungen zu Prozessen: Vorbereitungszeit verdoppeln und die Ausführungszeit halbieren.

Im nächsten Schritt haben wir diese Auftragsinformationen nicht mehr per Hand, sondern digital ausgefüllt und auf dem Server abgelegt. Das

Vorbereitungszeit verdoppeln und die Ausführungszeit halbieren.

spart schon jede Menge Zeit, vor allem wenn Aufträge wiederkehrend sind und du den alten Auftrag einfach duplizieren kannst oder wenn ein artgleicher Auftrag bei einem anderen Kunden entsteht. Denke hier immer dran, gewonnene Zeit wird nicht in neue Aufträge, sondern in die Entwicklung des Unternehmens oder in deine Liebsten investiert. Wir haben uns damit geholfen, die Aufträge in einer Excel-Tabelle zu schreiben, um den Überblick über die einzelnen Aufgaben zu behalten. Diese Lösung hat sich später als nicht mehr ausreichend erwiesen und wir sind auf ein Projektmanagement-Tool umgestiegen. Wie du dieses nutzt, zeigen wir gerne in einem unserer Workshops oder im Coaching. Für den Anfang reicht jedoch eine digitale Liste wie Excel. Gerne kannst du dafür auch gleich einen Cloud-Dienst wie Google Drive nutzen und die Tabelle dort ablegen. Das hat verschiedene Vorteile. Erstens können dort mehrere Mitarbeiter gleichzeitig die Liste bearbeiten und zweitens kannst du diese von jedem Endgerät mit einem Passwort abrufen. Vielleicht der erste Weg für deine Digitalisierung, wenn du noch nicht so weit sein solltest.

Cloud-Dienste und deren Vorteile

In diesem Absatz möchte ich noch einmal darauf eingehen, wie wir die Cloud-Dienste nutzen und welche Vorteile sie bieten. Ich muss zugeben, ich habe mit dem Einzug ins neue Firmengebäude auf einen leistungsstarken Server mit viel Speicherplatz gesetzt, weil ich alle meine Daten im Haus haben wollte. Aber warum? Ich habe nach einiger Zeit feststellen müssen, dass diese Entscheidung die falsche war. Immer wieder musst du dich um Speichererweiterung, Updates und Backups kümmern. Die Datensicherheit ist aus meiner Sicht nicht besser als bei einem Cloud-Speicher. Wir haben es inzwischen so gelöst, dass wir Daten für die Grafikerstellung lokal gespeichert haben und Daten für Vertrieb, Administration und alles weitere in der Cloud. Der Vorteil liegt in der Verfügbarkeit von jedem Rechner aus, der automatisierten Backups, der Wartungsfreiheit und des einfachen Zugriffs auch ohne aufwendige Technik von außen. Gerade als ich dir diese Zeilen schreibe, sitze ich in einem Hotelzimmer und schreibe in ein GoogleDocs Dokument in der Cloud. Es geht von überall, wo du Internet hast. Ich bin überzeugt, dass wir nach und nach alle Daten online haben werden und die lokalen Server in den Unternehmen nach und nach weichen werden. Ich empfehle generell, sich mit dem Thema IT einmal genauer zu beschäftigen und einige Systeme auf den Prüfstand zu stellen. Ich bin der Meinung, dass jedes Unternehmen Software besitzt, die es nicht mehr braucht, Abos ohne Nutzen hat oder an Systemen festhält, die nicht mehr genutzt werden. Auch hier hilft eine Übersicht von Hardware, Software und Systemen. Hast du diese? Wenn nicht, nicht schlimm. Das ist eine perfekte Übung. Lege dir jetzt eine Cloud an, wie z.B. GoogleDrive, erstelle dort eine Tabelle und beginne mit deinem eigenen Rechner und füge alle weiteren hinzu. Entscheide dann oder ggf. gemeinsam mit deinem IT-Dienstleister, ob und was du noch brauchst. Eventuell ist es auch sinnvoll, über eine EDV-Betreuung im Abo nachzudenken. Hierbei kann ich dir gute Partner empfehlen, die eine Wartung endgerätbezogen abrechnen. Somit hast du planbare Kosten für die IT-Infrastruktur und die Sicherheit, dass die Wartung durchgeführt wird. Zugegeben, das war bei mir auch immer ein Thema. Als Fachinformatiker kann ich zwar viele Sachen im IT-Bereich selbst erledigen, jedoch schwindet mein Wissen in dem Bereich von Tag zu Tag und die Zeit und das Interesse fehlten mir inzwischen. Das hatte jedoch zur Folge, dass genau diese Aufgaben bei mir liegen geblieben sind oder stiefmütterlich behandelt wurden.

Digitale Buchhaltung – Eine Revolution in meinem Unternehmen

Nie hätte ich gedacht, dass die digitale Buchhaltung meine Firma so verändern würde. Anfänglich war es so, dass meine Mutter die Buchhaltung für mich erledigte. Das heißt, sie sortierte die Belege zu den Kontoauszügen. Später hatte ich dafür externe Hilfe inklusive Vorkontierung und Buchung. Dennoch war jeder Beleg nur in Papierform vorhanden und der Ordner musste jeden Monat ins Steuerbüro gebracht werden. Die Verfügbarkeit von Belegen war nicht gegeben, wenn der Ordner auf Reisen war. Wie oft habe ich mich selbst den Satz sagen hören: „Sorry, das kann ich gerade nicht prüfen, der Ordner ist gerade im Steuerbüro." Sehr oft höre ich diesen Satz heute noch von meinen Kunden und Partnern und das nicht genug. Einige Selbstständige aus meinem Kundenkreis schaffen immer noch Schuhkartons mit Belegen zur Buchhaltung. Und das bei kleinen Firmen, vor allem aus dem Handwerk – mit mehreren Mitarbeitern. Eine reelle Einschätzung der finanziellen Situation ist damit überhaupt nicht möglich. Man muss jedoch immer bedenken, dass diese Firmeninhaber auch Personalverantwortung und damit Verantwortung für die Familien ihrer Mitarbeiter haben.
Ich wollte das ändern und habe mich ziemlich schnell entschieden, dafür ein System zu schaffen. Wir haben uns hier auch für eine cloudbasierte Software entschieden. Diese ruft im ersten Schritt die Daten aus dem Homebanking ab und stellt sie auch bei mehreren Konten in einem Dashboard in einer Übersicht zusammen. Auch die Handkasse wird hierüber abgebildet und zeigt den Stand im Dashboard. Wie oft

hatte ich die Situation, dass viel Bargeld in der Kasse war und mir der Stand gar nicht bewusst war, weil diese von einer Kollegin verwaltet wurde. Damit war jetzt Schluss. Ebenfalls habe ich einen Wert definiert, ab welchem das Bargeld auf das Konto eingezahlt wird und dieses niedergeschrieben. Im zweiten Schritt werden nun alle Belege, die wir per Post bekommen, gescannt und alle, die wir per Mail erhalten, im System gespeichert. Das System legt die Lieferanten an und beim Upload einer neuen Rechnung wird nicht nur dieser, sondern auch die mögliche Kontierung vorgeschlagen. Somit habe ich alle Eingangsrechnungen im System und kann auch über eine Suchfunktion jeden Beleg finden und sogar im PDF-Dokument Wörter oder Artikel finden. Das gleiche bei meinen Kunden. Jeder Kunde wird im System angelegt und darüber die Kontaktdaten verwaltet. Außerdem habe ich die Möglichkeit, Angebote, Aufträge und Rechnungen direkt zu erstellen. Jederzeit kann ich in wenigen Mausklicks ausgeben, wie viel Umsatz ich mit einem Lieferanten oder Kunden gemacht habe. Glaube mir, diese Erkenntnis hilft dir vor allem bei Nachverhandlungen mit deinen Zulieferern und auch bei einigen Kunden. Ich habe damit die Übersicht tagesaktuell über alle Aus- und Einnahmen erhalten und meine Buchhaltung angewiesen, die Rechnung am Tag der Fertigstellung der Ware zu schreiben und die Eingangsrechnung am gleichen Tag des Eintreffens zu bezahlen. Das hat sich total positiv auf die Lieferantenbeziehung ausgewirkt und hat Spielräume für Nachverhandlungen eröffnet. Wenn bei mir Lieferanten zur Verhandlung oder Anpassung der Preise Termine haben, kann ich auf einen Knopfdruck auswerten, wie viel Umsatz ich mit diesem gemacht habe. Mit dieser Erkenntnis kannst du viel besser in die Preisverhandlung gehen. Ein weiterer Vorteil ist: Du hast alle Belege digital mit der entsprechenden App auf dem Smartphone. Fast täglich treffe ich Kunden, Geschäftspartner oder Lieferanten und zücke im Gespräch mein Handy, um eine Rechnung oder ein Angebot zu besprechen. Eine kleine Rechnung für erbrachte Leistungen kannst du in weniger als zwei Minuten direkt beim Kunden vor Ort erstellen und per Mail oder Messenger senden.

Am Monatsende werden alle Daten bereits kontiert zum Steuerberater übertragen und dieser kann die Informationen in seiner Steuersoftware verarbeiten. Ich höre schon meine Frau schnaufen, wenn sie diese Zeilen das erste Mal liest. Ja, ich gebe zu, sie macht das alles. Ich kann nur gut erklären, wie es funktioniert. Die Arbeit dabei macht sie. Daher mein Tipp: Suche dir, falls noch nicht vorhanden, jemanden, der sich um deine digitale Buchhaltung kümmert. Buchhaltung ist keine EPM (Einkommen-Produzierende-Maßnahmen) und somit nicht deine Aufgabe. Diese muss delegiert werden.

Zusammengefasst schafft dir die digitale Buchhaltung nicht nur Sicherheit, sondern auch Liquiditätsvorteile, Übersicht über Kosten und Einnahmen sowie eine zentrale Stelle für deine Kontaktdaten. Die Investition ist in der Regel ein Abo mit rund 15 Euro im Monat und nach meiner Empfehlung ein leistungsstarker Dokumentenscanner. Ein Invest, das sich ziemlich schnell bezahlt macht und dir noch Zeit dazu spart. Also überlege nicht zu lange. Wenn du noch keine digitale Buchhaltung hast, dann schreibe sie auf deine ToDo-Liste mit Prio 1 ganz oben.

Erfolg muss geplant werden. Nur Ziele setzen Handlungen in Gang.

Aufgaben müssen dokumentiert und terminiert sein

In diesem Zusammenhang möchte ich dir noch einen kleinen Tipp zu den ToDo-Listen geben. Meine Listen wurden in der Zeit der Prozessoptimierung immer länger und ab einem gewissen Punkt hatte ich das Gefühl, es bringt nichts mehr, diese weiter zu pflegen. Grund war, dass ich nicht dazu kam, sie abzuarbeiten und mir die Minuten und Stunden fehlten. Ich habe später festgestellt, dass die Herausforderung nicht die fehlende Zeit ist, sondern die falsche Priorisierung. Stell dir mal vor, du fährst in den Urlaub am Samstagmorgen und hast noch eine riesige Liste an Aufgaben, die bis Freitag und somit vor deinem Urlaub erledigt werden müssen. Komischerweise legst du alles daran, diese zu erledigen, weil du ja im Urlaub damit nicht belastet werden willst. Denn für den Freizeit-Trip ist alles schon bereit. Das Hotel und der Flug sind gebucht, die Ausflüge reserviert und der Tisch am Abend im Restaurant bestellt. Sorry, wenn ich es so hart gesagt habe, aber die meisten planen ihren Urlaub besser als ihr Unternehmen.

Aber warum gelingt es, alle wichtigen Aufgaben noch vor dem Freizeit-Trip abzuschließen?

1. Man setzt eine höhere Priorität und bewertet die Wichtigkeit, ob die Aufgabe unbedingt erledigt werden muss.

2. Man arbeitet fokussierter an den Aufgaben. Manche weisen sogar die Sekretärin an: "Keine Termine am Freitag – ich muss noch Sachen vor dem Urlaub abarbeiten." Vermeidlich lästige Anrufe drückt man dann weg oder wimmelt sie ab.

Aber warum gelingt das nur an solchen Tagen und nicht generell? Es liegt nur an dir. Du bestimmst dein Handeln und niemand anderes. Du musst die Prioritäten für deine Aufgaben neu bewerten und deinen Fokus neu definieren. Wenn du es zulässt, dass dich die für dich lästigen Anrufe belasten, dann kann dir niemand helfen. Ich hatte die gleiche Herausforderung mit der Ablenkung auch eine gewisse Zeit. Ein guter Kumpel hat mich fast täglich am Vormittag angerufen. Anfänglich, um Termine oder Empfehlungen von Aufträgen abzustimmen. Nach und nach glitten die Anrufe ab in klassisches Stammtischgelaber, entschuldige die Ausdrucksweise, mit dem er sich beschäftigte. Später wusste ich, wenn er anruft, lässt er sich verbal über irgendeinen Kontakt aus und verbreitet negative Glaubenssätze. Fast jedes Telefonat begann mit dem Satz: "Hey, hast du das auf Facebook gesehen, wie der sich zum Affen macht?" Es hat ein Stück gedauert, bis ich für mich festgelegt habe: Ich möchte das nicht. Ich möchte keine negativen Stimmungen am frühen Morgen, keine Ablenkung von meinem Fokus und erst recht kein Lästern über andere. Ich möchte mich auf meine Aufgaben beschränken und positive Gedanken in meinen Kopf lassen. Genau so deutlich habe ich das meinem Kumpel gesagt und ich gebe zu, es hat an der Freundschaft anfangs geruckelt. Als meine spätere Präsenz in Social Media dazu kam, wurde es gefährlich für uns als Best-Buddys. Aber dazu mehr im letzten Kapitel dieses Buches.

Hermann Scherer, einer meiner Mentoren, hat einmal in einem Vortrag gesagt: Leistung ist Potenzial minus Störfaktoren.
Dabei hat er vollkommen recht. Jede Störung in deinem Arbeitsalltag senkt dein Potential und damit deine Gesamtleistung. Darum eliminie-

re alle diese Störfaktoren in deinem beruflichen Alltag. Dazu gehören auch solche aus dem privaten Umfeld. Ich hatte das sehr oft, dass meine Eltern, Großeltern oder Freunde ohne Ankündigung ins Büro geplatzt sind. Sie meinen es ja nicht böse, aber manchmal können sie bei deiner Selbstständigkeit nicht akzeptieren, dass es sich hierbei um deinen Job handelt. "Du wirst doch mal die 5 Minuten Zeit für deinen Papa haben", habe ich dann oft gehört. Es ist schwer, da hart zu sein und das Gleichgewicht zu finden. Klar kann man es als Selbstständiger einrichten. Aber eins ist sicher: Die Zeit hängst du abends ran und provozierst den nächsten Konflikt zu Hause, wenn zum Beispiel die Frau mit dem Abendessen auf dich wartet. Dazu kommt, dass sich die Störfaktoren addieren. Es bleibt ja nie bei fünf Minuten, sondern eher bei zehn und bei sechs "Störfaktörchen" dieser Art ist am Tag eine Stunde weg. Ich bin an der Stelle ein Fan in der „Business Zeit", diese nicht zuzulassen und das lieber auf die Freizeit zu setzen. Ganz ehrlich, bei meinem Dad kann auch niemand auf den Führerstand im ICE gehen und mal eben einen Kaffee mit ihm trinken wollen. Dort ist es aber offensichtlich. Das ist unter Umständen bei deiner Selbstständigkeit nicht der Fall. Ich habe aus dieser Erfahrung heraus eine Not-To-Do Liste gemacht, die zwischen 9 und 18 Uhr gilt. Darauf steht zum Beispiel, dass ich "private Problemchen", Vereinsmeierei und unangekündigte Vertriebstermine nicht dulde.

Aber zurück zum Thema. Wie schaffst du es, deine Aufgaben effektiv zu erledigen und dabei Zeit zu sparen? Für das Abarbeiten deiner ToDos kann ich dir folgende Tipps geben:

1. **Schreibe alle To-Dos auf oder in eine Liste und hake sie nach Erledigung ab.**
   Gerade das Gefühl, die Aufgabe erledigt zu haben, wird dich motivieren, die nächste Aufgabe zu beginnen.

2. Priorisiere die Arbeiten nach Wichtigkeit.

Ich nutze dafür ganz einfach die Prios 1,2,3 , wobei 1 bedeutet "unbedingt heute erledigen", 2 sagt "innerhalb der nächsten 2 Tage" und 3 "innerhalb einer Woche". In einer Excel Tabelle kannst du hier die Zahlen gut sortieren und siehst, welche Aufgaben die höchste Priorität haben.

3. Prüfe, ob die Aufgaben überhaupt von dir erledigt werden müssen.

Das Thema ist ganz entscheidend. Bei einem kritischen Blick wirst du vielleicht feststellen, dass du die eine oder andere Aufgabe evtl. sogar delegieren kannst. Hier hat mir die Eisenhower Matrix sehr weiter geholfen. Das von US-Präsident und Alliierten-General Dwight D. Eisenhower entwickelte und nach ihm benannte Prinzip bewertet Aufgaben nach Wichtigkeit und Dringlichkeit. Die dadurch entstehenden 4 Kombinationsmöglichkeiten gliedern die Aufgaben in A/B/C/D Aufgaben auf. Wichtig und dringende Aufgaben müssen von dir selbst erledigt werden (A). Wichtige, aber nicht dringende Aufgaben musst du terminieren (B). Nicht wichtige, aber dringende To-dos kannst du an Mitarbeiter delegieren (C). Nicht wichtige und nicht dringende Aufgaben müssen dabei in Frage gestellt werden, weil sie in den Papierkorb gehören (D). In dem Schaubild auf der nächsten Seite siehst du eine Darstellung dieser Matrix. Es gibt Wissenschaftler, die dieses Prinzip in Frage stellen und manche behaupten, es wäre überholt. Das kann sein. Das ist mir aber egal, da ich damit gute Erfahrungen gemacht habe und es weiter anwende, bis ich einen neuen Wissensstand habe.

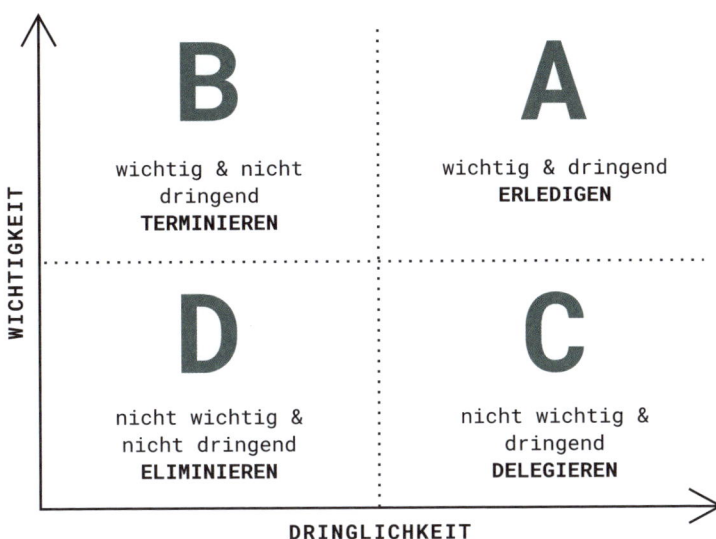

4. Fokussiere dich bei der Abarbeitung auf die Aufgaben und lasse dich nicht ablenken.

Lass dich nicht durch spontane Besuche oder Anrufe ablenken und arbeite aktiv an deinen Aufgaben.

5. Schätze den Aufwand der Aufgaben ab und setzte in deinem Kalender für diese Zeit einen Termin.

Ich empfehle hier einen kleinen Puffer von 15% der geschätzten Zeit einzuplanen, um gegebenenfalls kleine Mehraufwände abzufedern. Sollte der Mehraufwand in der Abarbeitung deutlich größer werden, bewerte die Sinnhaftigkeit und setze, falls notwendig, einen neuen Termin. Außerdem empfehle ich dir, einen digitalen Kalender zu führen, um deinen Mitarbeitern die Möglichkeit zu geben, dort Termine zu notieren, aber auch einzusehen, ob du aktuell im Termin oder in einer Aufgabe bist.

Als ich vor rund 4 Jahren in ein Unternehmernetzwerk eingetreten bin, hatte ich noch meinen Kalender analog in einem klassischen A5-Kalender mit Ledereinband. Bei einer Terminanfrage im Büro konnten die Mitarbeiter das nicht einsehen und wenn ich ihn im Büro hatte, war ich nicht aussagefähig, wenn ich im Außendienst war. Eine sehr unbefriedigende Situation. Ich habe das ganz leicht über einen Google Kalender gelöst und mit allen Mitarbeitern geteilt und auf mein Handy sowie Rechner synchronisiert. Somit habe ich die Herausforderung gelöst und das Terminmanagement deutlich verbessert. Später habe ich ein System installiert, das es den Kunden und Geschäftspartnern ermöglicht, direkt Termine zu buchen und freie Slots zu sehen. Jetzt fragst du vielleicht, ob das nicht übertrieben ist oder ausgenutzt wird. Nein. Du kennst vielleicht die Situation: Zwei Entscheider wollen mir einen Termin machen – ein Mann und seine Frau oder zwei Firmenchefs (beachte bitte, gemeint sind bei mir gender neutral alle Geschlechter). Du machst einen Vorschlag und der muss mit dem dritten abgestimmt werden. Natürlich kann er an dem Tag nicht. Dein Anrufer macht dir einen neuen Vorschlag, an dem du nicht kannst. Du machst einen weiteren Vorschlag und das Spiel beginnt von vorne. Sinnlose Anrufe gehen ins Land und deine Zeit wird verschwendet. Dabei habe ich noch nicht die erfolglosen Anrufversuche betrachtet, getreu nach dem Motto: "Ist der Chef da?" – "Ja, aber der ist im Termin. Kann ich ihnen weiter helfen?" – "Nein, das kann nur er machen." – Obwohl es eigentlich nur darum geht, ein Treffen auszumachen. Du kennst sicher die Situation oder solche Anrufe. Nun hatte ich die Möglichkeit, dem einen der beiden Entscheider meine Website zur Terminbuchung mitzuteilen und die beiden können sich abstimmen und den Termin ohne weitere Rückfrage direkt buchen. Ganz einfach. Freien Termin auswählen und Name, Rufnummer und Anliegen eintragen. An der Stelle fragen mich viele: Wird das denn nicht ausgenutzt? Nein, weil in letzter Instanz, entscheidest du doch noch, ob du den Termin annimmst. Du kennst doch den Grund des Termins im System, weil es ein Pflichtfeld ist und du selbst bewerten kannst, ob du dieses Date wahrnimmst. Manchmal steht dennoch kein gut erkennbarer Grund in der Buchung. Hierbei gibt es verschiedene Möglichkeiten. Entweder du lässt dich überraschen und hoffst auf einen sinnvollen Termin. Aber ich sage ja immer: Hoffnung ist kein Marketingplan. Daher lasse ich Terminbuchungen, bei denen mir das Thema nicht im Vorfeld bekannt ist, vom Kundenbegeisterungsteam nachtelefonieren, ganz wertschätzend.

Ein Telefonskript kann dabei helfen, eine gleichbleibende Qualität zu liefern und es den Mitarbeitern einfacher zu machen. Ich möchte dir ein paar Beispiele und Reaktionen mitgeben, wie man das umsetzen könnte. Es handelt sich dabei um Praxiserfahrung aus meiner Branche. Sicher musst du diese Vorlage für dich anpassen. Aber es sollte dir die Vorgehensweise verdeutlichen.

Täubi-KBT-Team: *"Herr Müller, Sie haben bei Micha einen Termin. Uns ist Ihre Zeit besonders wichtig, daher möchte er bestmöglich vorbereitet sein. Würden Sie mir bitte noch kurz den Inhalt vom Termin schildern oder was Sie erwarten?"*

Es gibt verschiedene Antwortmöglichkeiten und Reaktionen darauf.

Der Klassiker:

Kunde: *"Da weiß der Chef schon Bescheid."*

– Ich kann euch sagen: Bei mindestens der Hälfte der Termine ist das nicht der Fall. Hier empfehle ich Storytelling und Appell auf Verständnis.

Täubi-KBT-Team: *"Herr Müller, Sie wissen doch, wie das ist. Man unterhält sich mal in einer ganz anderen Runde über ein Thema und kann das dann oft dem Termin nicht zuordnen. Ich würde das einfach hier noch ein-*

mal kurz für meinen Chef hinterlegen, sodass er sich wieder daran erinnert und Sie keine Zeit verlieren. Gegebenenfalls kann er auch schon Muster oder Arbeitsmittel vorbereiten oder aufbereiten lassen"

Der Private:

Kunde: *"Das ist eine private Angelegenheit, mit Michael."*

Diese Begründung wird gerne von guten Vertrieblern verwendet, um einen Termin beim Entscheider zu erhaschen. Gerne noch in Kombination mit der Ansprache mit dem Vornamen, obwohl man die Person gar nicht kennt. Freunde nennen mich Micha oder Täubi. Ein privater Termin mit "Michael" ist bei uns ein Signalwort für einen Fake.

Außerdem verwenden Personen diesen Grund, die ihr Anliegen nicht klar ausdrücken können. Dies ermöglicht aber nicht die o.g. Eisenhower Matrix anzuwenden, weil ich nicht einschätzen kann, ob es wichtig oder dringend ist. Daher muss es einen Grund und mehr als die Info "privat" geben.

Daher empfehle ich folgendes Wording des nachfragenden Anrufers.

Täubi-KBT-Team: *"Herr Müller, gestatten Sie mir nachzufragen. Ich kann es nicht einschätzen, wie privat Sie meinen Chef kennen. Dennoch finde ich es fair, dass mein Chef auf den Termin genau so vorbereitet ist wie Sie. Ich möchte keine Lebensgeschichte erfahren und auch nicht intim nachfragen. Gerne möchte ich meinen Chef unterstützen und den Termin für ihn bestmöglich vorbereiten. Erlauben Sie mir die Anmerkung: In letzter Zeit kam es auch immer wieder vor, dass sich Vertreter unter diesem Vorwand Termine selbst gebucht haben. Das würde ich gerne vermeiden, weil es kostet alle das Wichtigste in ihrem Leben: die Zeit."*

An dieser Stelle habe ich auch meine Einstellung zu solchen Termine geändert. Zusammentreffen unter falschem Vorwand werden von mir storniert.

Das klingt jetzt vielleicht hart oder arrogant, sehe ich aber nicht so. Es ist deine Zeit. Die halbe Stunde für diesen Termin fehlt dir beim Auftritt im Kindergarten von deinem Sprössling, bei dem du aus Zeitmangel wieder einmal die Oma schickst. Sie freut sich sicherlich. Aber ist es das, was du willst? Die Großmutter freut sich auch, wenn alle drei Generationen zusammen sind.

Der Unnötige:

Kunde: *"Ich habe da nichts rein geschrieben, der Chef betreut mich immer."*

– Kann sein. Die Frage ist nur, wie lange der Auftrag her ist. Oftmals erinnern sich Kunden nach Jahren an einen gemeinsamen Auftrag, den der Chef damals gemacht hat. Aber die Zeiten ändern sich und das Zeitgefühl ist bei vielen total verschoben. In diesem Zusammenhang fällt mir immer die Geschichte ein, wenn Kunden anrufen und eine Nachbestellung auslösen. Oftmals erinnert sich der Kunde an den Erstauftrag vor rund einem Jahr. Wenn man dann ins System schaut, dann sieht man, dass dieser 3-4 Jahre her ist. Auftragswert, Preise oder ggf. auch Druckverfahren müssen neu überdacht werden. Das ist ein neuer Auftrag in unserer Branche und kann von jedem Mitarbeiter aus dem Vertrieb oder Kundenbegeisterungsteam erledigt werden. Diesen Termin musst du delegieren. Ich empfehle daher, hartnäckig nachzufragen.

Täubi-KBT-Team: *"Herr Müller, wie lange ist der letzte Auftrag her, den Sie gemeinsam mit meinem Chef erarbeitet haben? Ich werde ihn mir einmal anschauen."*

Kunde: *"Ich denke, das ist etwa ein Jahr her."*

Täubi-KBT-Team: *"Ich habe das gerade einmal in unserem System geprüft und festgestellt, dass Sie vor drei Jahren Visitenkarten bei uns bestellt hatten. Handelt es sich um den Auftrag oder einen anderen?*

Kunde: *„Ach, ist das schon so lange her? Ja, um diesen. Ich wollte die noch einmal nachbestellen?"*

Täubi-KBT-Team: *"Super. Dann wissen wir ja schon, worum es sich handelt und wir haben ja gleich alles gefunden. Herr Müller, wie Sie sicher mitbekommen haben, ist mein Chef terminlich sehr eingespannt und er musste Aufgaben abgeben. Für das Thema Drucksachen haben wir einen Experten im Team, der ein absoluter Fachmann ist und die Termine vom Chef zu den Artikeln übernimmt. Darf ich Ihnen den Termin zu unserem [Name des Mitarbeiters] umbuchen?"*

In der Regel funktioniert diese Herangehensweise und schafft dir Freiheiten und gibt deinem Teammitglied ein gutes Gefühl und eine Wertschätzung, zum Experten ernannt zu werden. Sollte der Kunde dennoch hartnäckig sein, kann man das noch einmal bestärken.

Kunde: *"Nein, ich möchte direkt vom Chef betreut werden."*

Täubi-KBT-Team: *"Okay, Herr Müller, ich werde meinen Chef über den Termin informieren und ggf. kann er ja direkt noch einmal Kontakt mit Ihnen aufnehmen. Den Termin bestätige ich Ihnen zum [Datum und Zeit nennen] – bis dahin"*

An dieser Stelle notieren mir die Mitarbeiter das Gespräch und ich bin informiert. Oftmals findet dann der Termin wie folgt statt. Der Kunde kommt zu mir ins Büro. Wir stellen nach Sekunden fest, dass der Auftrag neu kalkuliert und bemustert werden muss. Natürlich habe ich keine Muster mehr bei mir, sondern nur der Experte in unserem Team. Ich schnappe mir den Kunden, gehe zum Experten und stelle die beiden vor. In den meisten Fällen übernimmt unser Fachmann das Gespräch, da er viel tiefer im Thema ist als ich und kann mehr Aussagen zum Produkt treffen. Klar, er macht das ja jeden Tag und ich bin das Schweizer Taschenmesser der Firma, das von allem etwas macht, was unsere Ausführung unserer Produkte angeht. Meist klinke ich mich aus den Gesprächen dann aus und frage im Nachgang noch mal nach dem Feedback des Kunden.

Micha: "Herr Müller, [mit den meisten bin ich jedoch per Du] hat alles geklappt? Wie zufrieden warst du mit der Beratung?"
Kunde: "Mega, ich wurde top beraten. Du hast gute Leute. Du kannst stolz sein."
Nach diesem Telefonat wird dieser Kunde sicher keinen Termin zu dem Thema mehr bei dir haben, sondern direkt bei deinem Experten in deinem Team buchen. Was auch absolut Sinn macht.

Der Preisjäger:

Kunde: *"Der Chef macht mir einen besseren Preis"*

– So ein Quatsch. Macht er gar nicht. Es gibt für alle Produkte und Leistungen bei uns Preislisten bzw. sind diese im System hinterlegt. Die Preise sind ja nicht der Glaskugel entnommen, sondern kalkuliert. Daher meine Wording-Empfehlung:

Täubi-KBT-Team: *"Herr Müller, ich kann natürlich nicht über die Preispolitik vom Chef urteilen, aber aus Erfahrung weiß ich, die meisten Kunden wollen ein Produkt und kommen beim Chef mit drei Bestellungen wieder aus dem Büro. Ich vermute, dass er auf Grund des Volumens oder eines Paketpreises Ihnen immer ein super faires Angebot erstellt. Diese Budgetfreiheit hat unser Vertriebsleiter auch und kann Ihnen ein gleiches Angebot machen. Ich kann mir sogar vorstellen, dass sie bei [Name des Mitarbeiters]* *schneller ein Angebot erhalten oder vielleicht sogar im Gespräch gleich eine Kostenschätzung. Das ist beim Chef auf Grund der Vielzahl der Themen oftmals gar nicht mehr möglich. Darf ich den Termin zu unserem Kundenbegeisterer umbuchen?"*

In vielen Fällen funktioniert diese Strategie und du hast einen Termin im Kalender weniger.

Sollte es nicht funktionieren, darfst du jedoch nicht den Fehler machen und den Kunden in seiner Meinung von dir, den besseren Preis zu bekommen, bestätigen. Bei Preisverhandlung gilt immer: Keine Leistung ohne Gegenleistung. Preisnachlass gibt es nur bei besserem Zahlungsziel, mehr Volumen des Auftrages oder einer anderen Gegenleistung des Kunden.

Mein größter Fehler bei der Abarbeitung von selbst gesetzten Aufgaben war es, immer perfekt zu sein und jedes Thema möglichst zu 110 Prozent zu erfüllen. Klar ist das mein Anspruch, aber man muss hierbei das Paretoprinzip bedenken.

Das Paretoprinzip, benannt nach Vilfredo Pareto (1848–1923), auch Pareto-Effekt, oder 80-zu-20-Regel genannt, besagt, dass 80% der Ergebnisse mit 20% des Gesamtaufwandes erreicht werden. Die verbleibenden 20% der Ergebnisse erfordern mit 80% des Gesamtaufwandes die meiste Arbeit. Jetzt kannst du dich fragen, ob es bei manchen Aufgaben immer 100% oder 110% braucht. Oftmals erwartet das Gegenüber diese 100% gar nicht, weil er oft gar nicht die Möglichkeiten der Perfektion kennt und es selbst nicht bis zu diesem Level erreichen kann. Ich will jetzt damit nicht sagen, du sollst deine Aufgaben dahin pfuschen (wie man manchmal auf dem Bau sagt), sondern lediglich für dich bewerten, ob der Aufwand notwendig ist. Eine Einkaufsliste für dein Team kann eine unformatierte Textdatei sein oder halt das mit Logo bedruckte und formatierte Briefpapier, auf dem du mit verschiedenen Schriftgrößen die Wichtigkeit der einzelnen Produkte hervorgehoben hast. Klar ist das zweite schöner. Aber das Ziel erreichst du auch mit der unformatierten Liste. Und was erwarten deine Mitarbeiter? Die meisten werden sich freuen, überhaupt eine Liste zu bekommen, weil sie vielleicht beim Arbeitgeber davor die Bestellung auf Zuruf erhalten haben. Du weißt, was ich dir damit sagen will. Mache es einfach und pragmatisch. Es ist deine Zeit. Die Zeit, die du für dich oder deine Lieben verwenden kannst. Die 20 Prozent, die du dabei sparst, steckst du bitte in die Entwicklung deines Unternehmens oder in deine Liebsten. Nicht in neue Aufträge, denn dein Tag hat keine 48 Stunden. Meiner auch nicht.

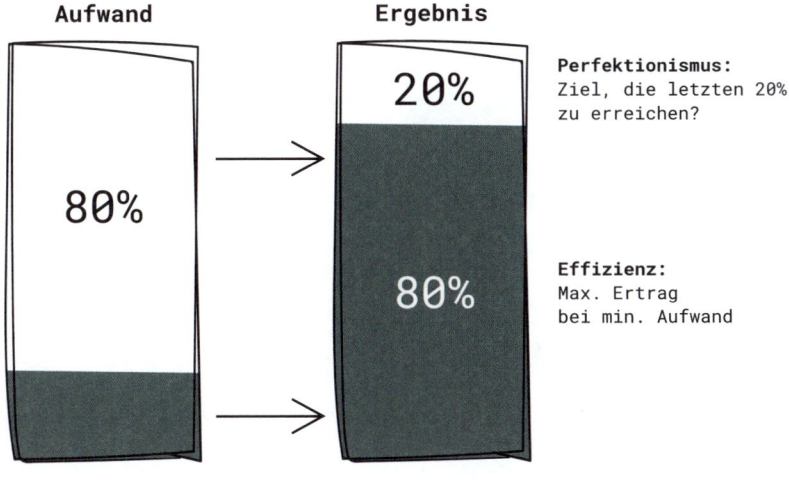

**Du brauchst Systeme.
Dein Kopf skaliert nicht,
Systeme schon.**

Auftragsverwaltung als Chance
für mehr System und Ordnung

Mit steigender Mitarbeiterzahl und durch die Verdoppelung der Umsätze ist auch die Anzahl an Aufträgen bei uns sprunghaft angestiegen. Im Schnitt sind jederzeit rund 300 Aufträge in einem beliebigen Status in unserer Firma. Vielleicht noch in der Kalkulation, in der Grafik, bereits produziert oder liegen schon in der Qualitätssicherung. Viele Kunden hatten den Luxus, bei mir anzurufen und sich nach dem aktuellen Stand zu erkundigen. Das war bis zu einer gewissen Anzahl an Aufträgen auch noch möglich. Dann aber nicht mehr. Ich hatte Aufgaben delegiert und hatte keine Möglichkeit mehr, alle Aufträge im Kopf zu haben oder nachzuvollziehen. Ein System musste her. Ich habe mich entschieden, mit einer Auftragsverwaltungssoftware unsere Aufträge abzubilden. In erster Linie denkt man da an seine Kernprozesse, also die Fertigung von Beschriftungen bei uns. Hier hilft es, ein Organigramm ausgearbeitet zu haben, um eine Prozesskette zu entwickeln, die zum Schluss in der Software abgebildet werden kann. Ohne weißt du gar nicht, wo du anfangen sollst. Also habe ich begonnen zu überlegen, wie ein Auftrag durch unsere Firma läuft.

Das sind die einzelnen Schritte:

1. Vertrieb / Kundenbegeisterer
2. Grafikabteilung
3. Produktion
4. Montage
5. Qualitätssicherung
6. Rechnungslegung

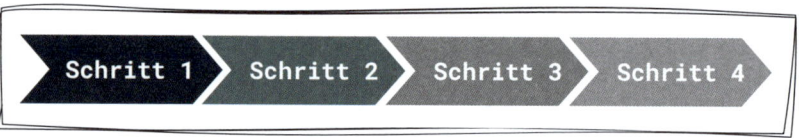

Soweit zur Theorie. Jetzt sind wir uns einig, dass es hunderte Ausnahmen gibt. Aber mit irgendwas musst du ja erst mal anfangen, wenn du noch keine Prozesse in der Firma hast. Jetzt wirst du vermutlich sagen: "Na ja, hab ich doch! Jeder weiß was er machen muss."

Aber hast du das auch einmal niedergeschrieben? Ist der Ablauf wirklich jedem Mitarbeiter 100% klar? Oder was machst du, wenn neue Kollegen anfangen? Wie bekommen diese das Wissen? Stelle dir mal die Frage: Was passiert, wenn du morgen plötzlich und unerwartet sechs Wochen ausfallen würdest? Gibt es danach das Unternehmen noch?

Die Fragen habe ich alle für mich beantwortet und mir war klar: Ich brauche mehr Struktur und Prozesse. So habe ich begonnen, den Hauptprozess in unserer Firma "Kunde kauft ein Produkt/Leistung" abzubilden und zu gliedern. Wer macht was unter welcher Bedingung? Wenn das eine erledigt ist, kommt danach das andere. Wenn das Angebot bestätigt ist, kommt die Auftragsbestätigung. Wenn die Grafik den

Entwurf fertiggestellt hat und dieser vom Kunden freigegeben wurde, geht der Auftrag in die Produktion usw.

Das ist alles keine Raketenwissenschaft, aber du musst es einmal aufschreiben und definieren. Im nächsten Schritt habe ich überlegt, welche Änderungen es gibt bzw. welche Variablen es im Prozess gibt. Dabei geht es schon los, wenn es in der Produktion bei uns zwei Produktionslinien gibt. Bei uns ist zum Beispiel die Werbetechnik in Folie und Textil klar getrennt. Ich sage immer, die beiden Themen vertragen sich nicht. Das eine klebt und das andere fusselt. Die sind wie Wasser und Strom: keine Freunde. Jetzt habe ich einen Kunden, der fünf Aufkleber und fünf Arbeitsjacken bestellt. An der Stelle willst du am liebsten den Auftragszettel in der Mitte teilen. Ein System muss her. Wir haben die Auftragsverwaltung eingeführt und analog der Prozesskette die einzelnen Fachabteilungen abgebildet. Jetzt hast du die Möglichkeit, die Aufträge digital zu erfassen und auch aufzuteilen, wenn sich die Wege im Auftragszyklus teilen. Jeder Mitarbeiter hat die Möglichkeit, Aufträge einzusehen und auch Kommentare zu hinterlassen. Die Teamleiter haben jetzt die Möglichkeit ebenfalls Aufgaben zuzuweisen und zu sehen, wie viele Aufträge die einzelnen Kollegen haben. Jetzt ist auch nachvollziehbar, wer welche Aufgabe zu welchem Zeitpunkt gemacht hat. Ich war begeistert und zugleich enttäuscht. Begeistert auf der einen Seite über die Möglichkeiten, die sich entwickelt haben. Enttäuscht über die Erkenntnis, wie viele Prozesse noch nicht 100% klar sind und definiert werden müssen. Es gab so viele Möglichkeiten der Abweichung und die Regeln waren bei vielen Abläufen nicht definiert. Wer darf denn überhaupt was? Oder unter welcher Bedingung? Dies musste ich definieren. Zahlreiche kleine Anfragen haben meinen Tag bestimmt und sie mussten weg. Aber wie? Wie man es personell hinbekommt, schreibe ich dir im letzten Kapitel unter dem Absatz "Mache Mitarbeiter zu Mitentscheidern". Für den Prozess müssen alle Variablen bedacht und mit Optionen versehen werden. So einfach wie oben beschrieben mit der Prozesskette in Schritten ist es dann doch nicht. Ich habe mir eine Flussdiagrammsoftware besorgt und habe nach und nach alle Prozesse dort abgebildet. Hierbei hast du die Möglichkeit auch auf Entscheidungen einzugehen und diese abzubilden. Bei einem Blick auf den Prozessfluss wird dann klar, wer etwas machen muss, unter welcher Bedingung und was der nächste Schritt in deiner Prozessabfolge wird. Immer mächtiger und mächtiger wurden meine Diagramme und ich kann dir nun aus meiner Erfahrung sagen: Übertreibe es dabei nicht. Regele so viel wie nötig und lasse soviel Freiraum wie möglich. Gerade wenn man die kreativen Köpfe zu sehr einschränkt, führt das zu Motivationslücken.

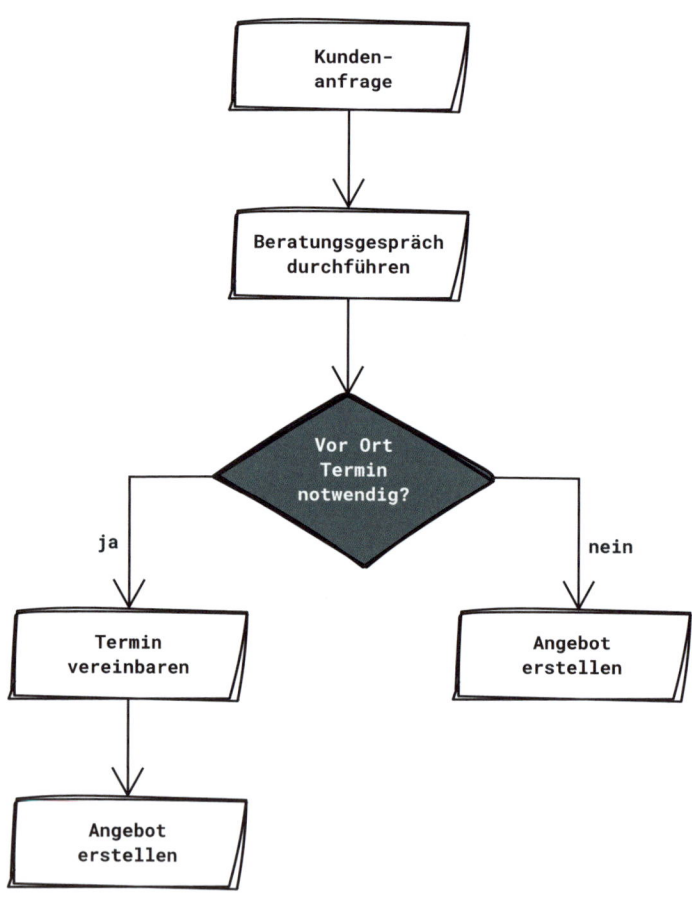

Die Ergebnisse aus dem Flussdiagramm habe ich in meine Projektsoftware übernommen und dadurch alle Produktionsprozesse abgebildet und auch erklärbar gemacht. Wenn ein neuer Kollege angefangen hat, dann konnte ich ihm das Diagramm und die Software zeigen und die Aufträge waren nachvollziehbar. Wenn ein Mitarbeiter kurzfristig ausfällt durch beispielsweise Krankheit, können jetzt die Vertreter die Aufgaben übernehmen und sind auf dem gleichen Wissensstand. Das habe ich für die Kernprozesse abgebildet. Aber nur für die. Nicht für die Nebenprozesse oder Unterstützungsprozesse. Ich hatte festgestellt, dass ich beim Wachsen auf ca. 15 Mitarbeiter so ziemlich aus dem eigentlichen Tagesgeschäft raus war. Die Tausend kleinen Dinge beschäftigen mich viel mehr als die eigentliche Arbeit in der Medienbranche. Wie ein Azubi habe ich mich hingesetzt und habe wieder ein Berichtsheft geführt. Alle Aufgaben meines Tages habe ich aufgeschrieben und überlegt, wie ich diese delegieren kann. Immer noch war ich das Mädchen für alles. Das Gras im Vorgarten war inzwischen fast einen Meter hoch, die IT-Backups schon tagelang nicht gemacht und das Personal-Postfach lief schon über mit Mails. Den Stein des Anstoßes hatte eine Mitarbeiterin dann ins Rollen gebracht, als sie mir im Personalgespräch berichtete, dass seit sechs Wochen auf der Damentoilette das Licht nicht mehr geht. "Woher soll ich das denn wissen?", habe ich sie gefragt. Worauf sie begegnete: "Das habe ich dir schon dreimal gesagt!" Bestimmt! Aber mal ganz ehrlich: Wann? Zwischen zwei Kundenterminen auf dem Gang, auf dem Weg zum Außendienst, bei dem die Zeit eh schon knapp ist oder zur Betriebsfeier nach vier Gin Tonic im Kopf. Keine Ahnung wann. Fakt ist, ich hatte es nicht auf dem Schirm und brauchte dafür Abhilfe. Ich habe mich entschlossen, ein weiteres Board namens "Technik" in meiner Software anzulegen. Hier haben jetzt alle Mitarbeiter die Möglichkeit, "technische Störungen" im Haus oder in der EDV sowie Serviceaufgaben in den "Eingang" zu legen. Ich konnte Mitarbeiter aus dem Team begeistern, Aufgaben davon zu übernehmen und habe neue eingestellt, die z.B. als Facility Manager unterwegs waren oder sich für Teilgebiete wie die Gartenpflege verantwortlich fühlten. Ich spreche bewusst von der Übernahme von Verantwortung und nicht von Zuständigkeit. Diese gibt es meiner Meinung nach nur auf dem Amt. Bei uns sind Mitarbeiter für Gebiete verantwortlich und fühlen sich dadurch stärker motiviert, diese Verantwortung auch auszufüllen. Für fast jede dieser Aufgaben gibt es einen Vertreter. Im Zweifelsfall erst einmal ich. Aber die Variante war allemal besser als von vornherein, alle Aufgaben selbst zu erledigen. Für jede dieser Aufgaben habe ich jetzt zusammen mit den Verantwortlichen einen Standard definiert, wie die Erfüllung der Aufgaben aussehen soll. Das heißt eine Erwartungshaltung, wie ich als Chef die Erledigung gerne hätte und die Teilschritte, die dazu nötig sind. Für jede Teilaufgabe ist eine Checkliste entstanden. Zuerst in Papierform und später digital in meiner Software, um dort Schritt für Schritt abzuhaken. Das gibt den Mitarbeitern Sicherheit in der Ausführung, der Standard wird gewahrt und du hast als Führungskraft ein Kontrollorgan. Bei einer Übergabe an einen Vertreter wird für ihn klar, was er erledigen muss. Somit gibt es nach und nach eine Struktur, die sich zur Zufriedenheit aller entwickelt. Natürlich wirst du jetzt sagen: "Hey Micha, das sind ja unzählige Checklisten und Abläufe." – JA! Stimmt! Aber irgendwo wirst du anfangen müssen, um aus dem Hamsterrad auszubrechen. Und du kannst jetzt damit starten. Glaube nur nicht, dass wir fertig sind. Jeden Tag, an dem ich durch die Firma laufe, entdecke ich neue Abläufe, Prozesse und Checklisten, die erstellt werden müssen. Wie behältst du den Überblick? Du machst ein Board in deiner Software und schreibst alle nieder. Anschließend vergibst du Prioritäten und arbeitest diese ab. Am besten mit einem festen Termin im Kalender. Das haben wir ja im letzten Kapitel gelernt. Ich bin für diese Aufgabe jeden Montag und jeden Mittwoch 1,5 Stunden eher in die Firma zur Prozessoptimierung gefahren und habe in dieser Zeit nur daran gearbeitet. Du wirst das Ergebnis sehr bald spüren und wirst zufrieden damit sein. Natürlich musst du diese Prozesse immer wieder auf neue Erkenntnisse anpassen. Daher empfehle ich, das gleich digital zu machen. Bei einem Prozess auf Papier habe ich immer das Gefühl, dass das schon nach dem Ausdruck oder dem Zeichnen nicht mehr aktuell ist. Achte hierbei auch gleich auf die Versionierung in deiner Darstellung. Wie bereits erwähnt, möchte ich in meinem Buch nicht als Oberlehrer rüberkommen. Ich möchte dir einfach Tipps mitgeben, die aus der Praxis entstanden sind und dich vielleicht vor dem einen oder anderen Stolperstein bewahren, über den ich getaumelt bin.

Dass es Prozessabläufe und ein digitales System braucht, hat mir ein Fall bei einem meiner Kunden gezeigt. Es handelt sich um ein sehr, sehr großes Unternehmen, deutlich größer als unseres. Hier hätte ich erwartet, dass ein System vorhanden ist. Ich wurde jedoch eines Besseren belehrt. Zu einer Beratung kam ich in den Sitzungsraum, die Mitarbeiterin setzte sich auf einen Stuhl und ein Teil der Armlehne brach ab. Mich hat es gewundert, dass sie nicht überrascht, dennoch verärgert gewesen war. Vermutlich ist ihr das schon des Öfteren passiert. Direkt aus dem Gespräch hat sie das Telefon genommen und den Hausmeister angerufen, ihn jedoch nicht erreicht. Als ich nach mehreren Tagen wieder bei ihr im Seminarraum saß, passierte Ähnliches. Ihre Kollegin setzte sich hin und die Lehne brach wieder ab. Kurz unterhalten sich die beiden Damen, dass es immer noch nicht repariert wäre und bereits der Chef dort saß und sich darüber beschwert hat. Prompt riefen sie den Hausmeister wieder an, erreichten ihn auch und teilten ihm das Problem mit. Als ich nach mehreren Wochen wieder im Konferenzraum saß und wieder die Lehne des Stuhls abbrach, konnte ich mich nicht mehr halten und musste nach dem Prozess fragen: "Lasst mich raten, der Hausmeister hat die Lehne nicht repariert."
Eine der beiden Mitarbeiterinnen erklärte mir, dass er wohl vorbei kam, nicht das richtige Werkzeug dabei hatte, weil er nicht wusste, um was es sich handelt, danach noch mal weg ging und seitdem nie wieder gesehen worden war. Ehrlicherweise gab sie zu, das Problem auch nicht mehr im Kopf gehabt und dann nicht erneut nachgefragt zu haben. Sie sah selbstkritisch die Schuld bei sich und entschuldigte sich mehr oder weniger. Ich glaube sogar, sie hat sich ein bisschen geschämt. Außerdem glaube ich, dass genau durch solche Aktionen Mitarbeiter moti-

viert werden. Dabei muss das gar nicht sein. Wer hat die Schuld, dass die Lehne des Stuhls nicht repariert ist? Doch nicht die Mitarbeiterin, die es versäumt hat, den Hausmeister das vierte Mal zu informieren oder zu kontaktieren. Doch nicht der technische Verantwortliche, heute neudeutsch Facility Manager, der vermutlich am Tag hunderte solcher Anrufe bekommt. Der Fehler liegt im mangelnden System und in der Dokumentation. Jeder kennt vermutlich so eine Situation in seinem Unternehmen, aber du kannst doch nicht andere dafür verantwortlich machen. Du warst am Tatort, du hast alles aufgebaut, du hast es geduldet, also bekommst du genau das, was du duldest. Darum dulde es weiter oder ändere es.

Den Damen habe ich empfohlen, über ein digitales Auftragsverwaltungsprogramm nachzudenken. Wir haben das sogar für den Bereich Facility eingeführt. Dort erstellen wir einen kleinen Auftrag mit kurzer Beschreibung und einem Foto von dem, was repariert werden soll. Das ermöglicht dem Hausmeister, direkt die Anforderung zu sehen und abzuschätzen, welches Werkzeug er evtl. braucht, bevor er vorbei kommt. Er hat damit die Möglichkeit, nicht nur die Aufgaben zu priorisieren, sondern er wird auch nichts vergessen. Jeder Mitarbeiter hat die Möglichkeit den Status der, in dem Fall, Reparatur einzusehen und kann dort Infos hinzufügen oder die Fälligkeit verändern. Der entsprechende Mitarbeiter muss auch nicht mehr aus der aktuellen Arbeit herausgerissen werden, sondern bekommt den Auftrag über das System. Schließlich ist auch die Leistung dadurch messbar und es gibt nichts Schöneres als nach beendeter Arbeit ein paar Häkchen in eine ToDo-Liste zu setzen. Darum empfiehlt es sich aus meiner Sicht, bei jeder Firmengröße über eine digitale Auftragsverwaltung nachzudenken. Dabei meine ich nicht nur die Aufträge, sondern alle großen und kleinen Hürden im Büroalltag – auch die Lehne im Konferenzraum.

Digitale Wissensdatenbank
– ungeahntes Potential

Du kennst vielleicht die Situation: Du hast eine Maschine, die du nicht so regelmäßig brauchst und jedes Mal, wenn du sie aktivieren willst, stehst du da wie der sprichwörtliche "Ochs vor dem Uhrwerk". Dann überlegt man, wie die richtige Einstellung oder die Schrittreihenfolge war. Das gleiche ist oftmals bei Prozessen, die man nicht so regelmäßig macht. Das ist mit wachsender Geräte-, Mitarbeiter- und Produktanzahl immer häufiger passiert und wir haben im Team überlegt, wie wir dieses Wissen am besten dokumentieren. Ziemlich schnell sind wir auf das Thema Wissensdatenbank aufmerksam geworden und haben diese installiert. Hier haben wir ebenfalls unsere Abteilungsstruktur abgebildet und angefangen, jedes Wissen dort zu erfassen. Dabei geht es um Inhalte zu Abläufen, Maschinen, aber auch alltägliche Sachen wie Infos zur Krankmeldung oder Arbeitsanweisungen.

Der Vorteil ist, dass alle Kollegen sich diese Informationen abrufen und jederzeit einsehen können. Wir haben die Wissensdatenbank mit OneNote abgebildet. Das schien uns als geeignetes und einfaches Mittel. Auf allen Rechnern inkl. denen, die die Maschinen ansteuern, läuft die Software, sodass man schnell Informationen bekommt. Eine Suche ermöglicht das Finden von Anleitungen über Schlagworte auch abteilungsübergreifend. Ich empfehle jedoch, für die Wissensdatenbank als Ganzes oder für die Kapitel Verantwortliche zu bestimmen, die regelmäßig den Datenbestand auf Aktualität überprüfen. Die Wissensdatenbank soll jedoch ein Hilfsmittel sein und keine Debatten auslösen.

Wir haben immer wieder mal das Thema, das einem Kollege eine Frage gestellt wird und der begegnet: "Steht alles in der Wissensdatenbank". Das hat schon zur einen oder anderen Stimmung im Team geführt. Besser ist es, wenn das Wissen im Raum ist, in Form von offensichtlichen Informationen oder nach dem Poka Yoke Prinzip. Der japanische Ausdruck Poka Yoke bezeichnet ein aus mehreren Elementen bestehendes Prinzip, welches technische Vorkehrungen bzw. Einrichtungen zur sofortigen Fehleraufdeckung und -verhinderung umfasst. Das heißt, man kann die weitere Arbeit oder Tätigkeit nur unter bestimmten Bedingungen ausführen. Ein Beispiel dafür ist die Abfrage der oberhalb der Rollen befindlichen Einkaufswagennummer an der Supermarktkasse, um Kassierer zum Blick auf die untere Ablage des Wagens zu zwingen. Ohne diese Eingabe ist eine Kassierung nicht möglich. Oder die SIM-Karten bei Handys, die sich aufgrund ihrer Form nur in der korrekten Ausrichtung im SIM-Kartenslot einlegen lassen. Poka Yoke ist die höchste Form der Möglichkeit der Fehlervermeidung. Wenn wir uns zurückerinnern, lernen wir unbewusst Poka Yoke schon im Kindesalter, wenn der runde Baustein nicht ins eckige Loch passt.

Aber wie sieht es mit der Informationsvermittlung in den meisten Firmen aus?

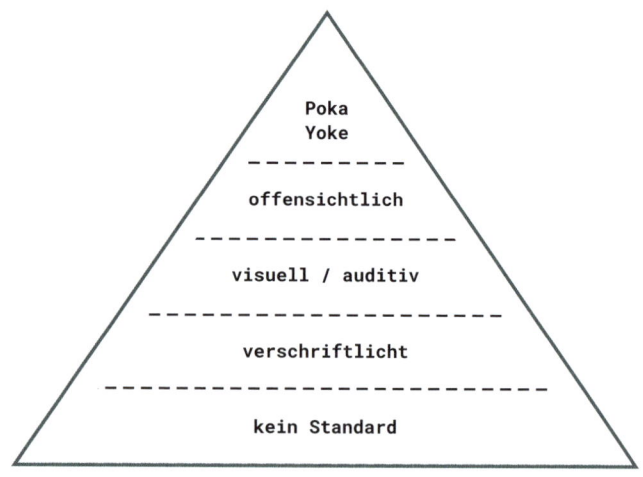

[Systeme schaffen Ordnung – unser Ablageprinzip für
Werkzeuge in der Produktionsabteilung]

Schaut man auf die Prozesspyramide im Abbild, wird man feststellen, dass die meisten Aufgaben überhaupt keinen Standard haben. Auf Platz zwei der Fehlereingrenzung ist das Verschriftlichen von Arbeitsprozessen. Das erreichen wir bereits mit Checklisten oder einer Wissensdatenbank. Die nächste Stufe ist die visuelle Wissensvermittlung, wenn das Wissen, wie oben genannt, im Raum vorhanden ist. Das heißt, Hinweise auf Maschinen oder Regalen beschreiben den gewünschten Ist-Zustand. Wir haben dies zum Beispiel teilweise durch Fotos von Arbeitstischen in der Werkstatt dokumentiert. Die Fotos sind direkt an der Wand angebracht und zeigen den gewünschten Ist-Zustand der Werkzeugregale zum Feierabend. Im nächsten Schritt haben wir das Werkzeug farbig markiert und dem jeweiligen Arbeitsbereich zugeordnet. Ein 1:1-Abdruck vom Werkzeug auf dem Werkzeugtisch zeigt die konkrete Position auf und hilft, sofort den Überblick zu erhalten, welches Werkzeug fehlt.

Das Prinzip der Fehlervermeidung haben wir zum Beispiel in unserer Projektsoftware perfektioniert. Bei jeder Abteilung wird während des Prozesses eine Checkliste mit Arbeitsschritten dem Auftrag beigefügt. Der Auftrag kann dann erst weiterverarbeitet werden, wenn alle Punkte abgecheckt sind. Ein Beispiel dafür ist unser sogenannter QUAK Prozess. QUAK steht dabei für Qualitätssicherung und aktive Kommunikation. Uns ist damals nichts Besseres eingefallen und es hat sich bis heute durchgesetzt. Mit dem ersten Mitarbeiter haben wir einen Qualitätssicherungsprozess eingeführt, der nach Fertigstellung der Produktion die Ware kontrolliert. Qualität, Ausführung, Stückzahl usw. wurden geprüft und dokumentiert. Wir hatten die Herausforderung, dass diese Arbeit immer durchgeführt wurde und danach vergessen wurde, den Kunden zu informieren. Aus diesem Grund haben wir die "aktive Kundeninformation" hinzugefügt und haben dies mit einem Stempel dokumentiert. Das heißt, der QUAK Prozess ist erst abgeschlossen, wenn die Ware geprüft und der Kunde informiert ist. Das Wissen wurde erst verschriftlicht, in die Wissensdatenbank eingetragen und dann mit einem großen Prozessabbild in den QS-Raum gehängt. Ab sofort war es offensichtlich und das Wissen war "im Raum". Aber wie bekommst du in dem Fall Poka Yoke hin? Du brauchst ein System. Wir haben die Checkliste in unserer Software so hinterlegt, dass "Ware geprüft", "Ware verpackt", "Referenzfoto gemacht" und "Kunde informiert" erst bestätigt werden muss, bevor der Auftrag weiter verarbeitet werden darf.

Mit der Zeit habe ich festgestellt, dass man damit nicht jedes Wissen vermitteln kann. Informationen wie zum Beispiel "Wie führe ich ein Verkaufsgespräch" kannst du zwar dokumentieren und verschriftlichen, aber der Ton macht bekanntlich die Musik. Wie schafft man es also dieses Wissen in einer gleichbleibenden Qualität an seine Mitarbeiter zu vermitteln? Unser Erfolg lag in der Einführung unserer Schulungsplattform, über die ich im nächsten Abschnitt mehr Details verrate.

Mehr Erfolg durch digitale Erklärvideos – Prozesse abbilden und festigen.

Interne Schulungsplattform – das Netflix für Mitarbeiter

Als erstes müssen wir die Frage klären, was überhaupt eine digitale Schulungsplattform ist und warum braucht es diese in deinem Unternehmen?

Ich beschreibe es immer mit den Worten "Das ist Netflix für deine Mitarbeiter". Das heißt, die Plattform hat jede Menge Videos aus einem Betrieb, die sich die Mitarbeiter anschauen können. Jeder erhält nach dem Anlegen des Benutzers einen eigenen Zugang und kann sich mit diesem einloggen und Videos wahlweise anschauen. Wie eine Videoplattform, nur für dein Business.

Die Notwendigkeit ergibt sich aus meiner Sicht vor allem bei der Einarbeitung von neuen Kollegen. Lange Zeit habe ich die neuen Mitarbeiter in meiner Firma selbst angelernt und ihnen das Wissen vermittelt. Bei steigender Mitarbeiterzahl war mir das nicht mehr möglich und ich habe diese Aufgabe an die Facharbeiter weitergegeben. Oftmals habe ich mich darüber geärgert, dass Wissen nicht angekommen ist oder Aufgaben nicht nach meinem Standard ausgeführt wurden. Aber woran lag das? Eigentlich ist es offensichtlich. Nehmen wir an, du hast 100% Wissen. Wie viel von deinem Prozesswissen über deine Standards hat der Mitarbeiter, der für dich arbeitet? Ich spreche nicht von Fachwissen aus deiner Branche. Ich spreche von speziellen Regelungen in deiner Firma. Wenn du Glück hast, sind es 80%. Er wird immer etwas nicht mehr wissen, noch nie erfahren haben oder doch ein bisschen anders machen, als du erwartest. Jetzt soll genau dieser Kollege oder Mitarbeiter den "Neuen" anlernen. Was denkst du, wie viel Wissen kommt bei dem noch an, wenn er alle Informationen inkl. der neuen Eindrücke und der neuen Kollegen am ersten Arbeitstag erhält? Wenn er gut ist, vielleicht noch 50%. Später wunderst du dich als Chef, dass er das eine oder andere nicht weiß oder noch nie so gemacht hat. Wie denn, wenn er die Infos nicht hat? Daher habe ich es mir zur Aufgabe gemacht, dass nicht ein Mitarbeiter, sondern ein System für die Einarbeitung verantwortlich ist. Das System ist immer gleich und vergisst nicht, Inhalte zu vermitteln. Dazu ist es kontrollierbar oder zeitlich flexibel. Die digitale Schulungsplattform musste her. Als erstes habe ich einen Firmenrundgang und die wichtigsten Infos zur Firma abgedreht. Später dann alle Regelungen zur Arbeitszeiterfassung sowie Urlaubsantrag und später fachspezifische Inhalte aus den Fachbereichen meiner Firma. Noch bevor der Mitarbeiter zum Probearbeiten oder zum ersten Arbeitstag kommt, erhält er diese Basisinformationen.

Wo kann ich parken?

Wo finde ich Toiletten und wo ist der Sanitätskasten?

Darf ich meine Kollegen duzen oder siezen?

Alle diese Fragen, die neue Mitarbeiter beschäftigen, werden geklärt, bevor sie den ersten Schritt in die Firma setzen. Das schafft Vertrauen und Sicherheit bei den neuen Kollegen.

Am ersten Tag werden dann weitere Module freigeschaltet und der Mitarbeiter kann sich selbst onboarden. Der Vorteil: Die Qualität bleibt immer gleich, der Mitarbeiter kann auch Inhalte mehrfach anschauen und die Führungskraft hat eine Kontrolle über den Fortschritt der Videobetrachtung. Auch vom Handy oder Tablet aus können die Videos geschaut werden. Unsere Mitarbeiter haben vor allem gelobt, dass man die Erklärfilme auch später jederzeit wiederholen kann, um das Wissen aufzufrischen. Bestandsmitarbeiter haben die Aufgabe immer am letzten Mittwoch im Monat, am sogenannten "Internal Day" (mehr dazu im letzten Kapitel), neue Videos zu schauen. Auch dieses System macht natürlich in der ersten Erstellung Aufwand. Du musst es installieren, einrichten und mit Inhalten füllen und natürlich vorher die Videos drehen. Diese müssen jedoch nicht professionell sein. Die ersten habe ich ganz einfach als Selfie-Video mit meinem IPhone gedreht. Erst später kam bei uns ein Videograf dazu und inzwischen drehen unsere Mitarbeiter die Videos aus ihren Abteilungen selbst. Wichtig ist nur, dass du die Videos zu den Werten der Firma selbst drehst. Du kannst nur andere entzünden, wenn du selbst für etwas brennst.

Aber der Invest in eine Schulungsplattform lohnt sich. Schon bei der ersten Einstellung hat sich der Aufwand bezahlt gemacht. Du musst nicht ständig die gleichen Inhalte erzählen und sparst Zeit. Wir haben durch die Partnerschaft Schule-Wirtschaft fast jede Woche Schülerpraktikanten und jeden Montag verbringe ich oder ein anderer Mitarbeiter eine Stunde mit einem Hausrundgang durch die alte Bauschule – durch unser Firmengebäude. Damit ist ab sofort Schluss, denn es gibt einen Rundgang als Video auf der Plattform.

Wenn bei uns neue Praktikantenanfragen kommen und ich bin im Erstgespräch dabei, dann stelle ich immer die Frage: "Willst du nur wissen wo die Kaffeemaschine und der Kopierer steht oder willst du ein vollwertiges Teammitglied in allen Bereichen unserer Firma sein?" Natürlich entscheiden sich die heranwachsenden Kreativen immer für die zweite Variante. Ich schlage dann immer ein und sage, wir geben dafür beide 100% von jetzt an. Handschlag drauf. Dann schalte ich den Youngstars in der Schulungsplattform den Basiskurs und die Erweiterung für Azubis frei. Hier werden alle Inhalte für die zukünftige Ausbildung erklärt und die Praktikanten zur Ausbildung animiert. So auch bei einem Praktikant namens Klaus mit dem Versprechen, Videos bis zum Praktikumsbeginn zu schauen. Am Montag in der praktischen Woche des Schülers bekomme ich im Vorfeld die Infos zugeschickt über den Trainingserfolg von Klaus. Das System meldete keinen Login-Versuch und damit 0% Trainingserfolg. Klaus betritt die Firma zum Praktikum und ich nach einem kurzen „Guten Morgen": "Dort hat der Maurer das Loch gelassen. Das ist der Ausgang.", und weise ihn auf die Nichteinhaltung seines Versprechens hin. Klaus geht nach Hause und es dauert ca.

15 Minuten bis die Schule anruft: "Herr Täubert, das können Sie doch nicht machen!" – Ich antworte: "Klar kann ich – mein Raum, meine Regeln. Wer nicht 100% gibt, hat hier nichts zu suchen. Willkommen im Arbeitsleben. Wir sind nicht auf dem Ponyhof. Er kann wieder kommen wenn er bis 12 Uhr die Videos geschaut hat." Klaus kam wieder. Mit 100% Trainingserfolg. Einer der besten Praktikanten, die wir je hatten. Aber er hatte den kleinen Tritt aus seiner Komfortzone gebraucht. Du darfst nicht zulassen, dass sie deine Zeit rauben. Wenn du es durchgehen lässt, kommt spätestens zu Mittag die Frage nach dem Pausenraum oder eine andere, die dich aus deinem Geschäftsfeld reißt. Es ist deine Zeit und die ist wertvoll.

Apropos Zeit: Seitdem ich das Schulungssystem habe, hat sich auch meine Denkweise geändert. Wenn ein Mitarbeiter eine Frage zu einer Aufgabe oder zu einem Prozess hat, stelle ich mir immer erst die Frage: Könnte die Frage noch ein weiteres Mal aufkommen? Immer wenn ich diese mit JA beantworte, drehe ich beim Erklären ein Video und stelle es auf die Plattform. So haben die anderen Teammitglieder die Chance, von den Fragen der anderen zu lernen. Ich spare mir dann den Zeitaufwand, es erneut zu erklären und einmal musst du es ja eh erklären. Besser du schaffst es, das Wissen im Raum zu halten oder Poka Yoke anzuwenden. Prüfe in deinem Unternehmen doch einmal, welche Fehlerquellen immer wieder auftreten. Checke in dem Zusammenhang die Art der Dokumentation und die Möglichkeiten in Richtung Eliminierung von Fehlern. Denke immer daran: Der Mitarbeiter ist nur daran Schuld, wenn er gegen bestehende Regelungen verstößt. Wenn du keine hast, trifft ihn keine Schuld. Du warst als Unternehmer immer am Tatort. Die Schuld liegt bei dir, wenn du es nicht geregelt oder geduldet hast.

Ein paar abschließende Tipps für deine Videoplattform kann ich dir noch mitgeben:

1. Nutze diese auch vor allem für den Transfer von Wissen im Bereich Vertrieb. Nirgendwo anders kommt es mehr auf die richtige Tonwahl und das verbale Geschick an als bei Sales. Hier kannst du Trainings zu Verkaufsgesprächen, Telefongespräche oder Präsentationen aufzeichnen und deinen Kundenbegeisterern als Vorlage zur Verfügung stellen.

2. Zeichne alle deine Schulungen und Meetings auf und stelle sie ein. So gibst du allen anwesenden Teammitgliedern die Chance, nachträglich am Meeting virtuell teilzunehmen und das Wissen zu erhalten.

   Mache dir nicht so viele Gedanken über das Wie, sondern fange an. Drehe Videos, stelle sie ein, stelle fest, dass sie nicht gut sind, lösche sie und drehe sie neu. Ich habe zum Beispiel den Firmenrundgang schon mehrfach aufgenommen oder aufnehmen lassen, weil sich bei uns so viel verändert hat. Starte lieber jetzt unperfekt, als länger auf Perfektion zu warten. Denke immer daran: Während die Intellektuellen das WIE erkunden, stürmen die Dummen die Burg. Du kannst nichts falsch machen. Nur es nicht zu machen, ist falsch.

Solltest du dich jetzt fragen, ob du für deine Firma eine Schulungsplattform brauchst, dann würde ich sagen: JA. Jedoch musst du selbst entscheiden, ob der Aufwand dafür lohnt. Ein sehr guter Freund und Geschäftspartner von mir hat zu mir bei solchen Entscheidungen immer gesagt: "Wenn I + A < O ist, dann machen." Hä? Gemeint hat er damit: Wenn der Input (Invest) und der Aufwand kleiner sind als der Output (also der Ertrag), dann sollst du es machen. Also diese Entscheidung treffen. In jedem Fall solltest du eine Entscheidung treffen. Gemeint ist hier für das System. Denn in dem Fall ist der Invest eine Lizenzgebühr für die Plattform, der Aufwand ist deine Zeit, sie zu erstellen. Den Ertrag kannst du eigentlich kaum beziffern, weil die gewonnene Zeit der nächsten Jahre, weil du nicht mehr alles erklären musst, unbezahlbar ist. Also 100 Punkte für den Output. Wenn du jetzt damit starten willst und Hilfestellung benötigst, kannst du gerne auf folgender Seite ein paar Tipps erhalten: *schulungsplattform.48stundentag.de*

Das CRM System – die Klarheit über deine Kundenbeziehungen

Ich kann mich noch sehr gut an die Zeiten erinnern, als Mitarbeiter mich fragten:
"Hast du bitte mal die Handynummer von Herrn xyz?"
oder
"Kannst du mir mal die Mail-Adresse von xyz geben?"
Wie hat mich das genervt. Damals hatte ich die Schuld bei den Mitarbeitern gesucht. Aber das ist falsch. Wer ist verantwortlich, dass die Mitarbeiter nicht die Informationen über den Kunden haben? Na ich. Wer denn sonst? Ich hatte schlichtweg kein gutes System, um meine Kontakte zu verwalten. Anfangs hatte ich alles auf meinem Handy, so wie vermutlich jeder, der mit einer Firma startet. Spätestens wenn du den ersten Mitarbeiter einstellst, ist das System ungeeignet. Wenn man überhaupt von einem System sprechen kann. Ziemlich schnell habe ich mich dazu entschlossen, erst ein einfaches und später komplexeres CRM-System einzuführen. CRM steht für Customer-Relationship-Management und beschreibt eine Software zur systematischen Darstellung von Kunden-Geschäftsbeziehungen. Heißt, man legt hier Kontakte und Unternehmen an und verknüpft diese miteinander. Ich habe nun die Möglichkeit, alle Kontaktdaten zu hinterlegen und diesen auch sogenannte Deals hinzuzufügen. Jede Anfrage ist ein Deal und kann während der kompletten Deal Phase mit Informationen bestückt werden. Mails, Anrufe oder Details werden hinzugefügt und sind somit für alle abrufbar. Durch die Dealpipeline entsteht eine Übersicht von

möglichen Aufträgen, die der Vertrieb entsprechend bearbeiten und begeistern muss: daher Kundenbegeisterer. Unser Anspruch ist es, den Kunden nicht nur zu betreuen, sondern zu begeistern. Dies gelingt dir mit einem CRM-System noch besser. Du hast außerdem die Möglichkeit, Aufgaben an Kontakte wie z.B. Rückrufe zu dokumentieren oder auch Interessen des Deals zu vermerken. Was ist dem Kunden besonders wichtig? Termintreue, fester Ansprechpartner, hohe Qualität. Alle diese Informationen werden im Erstgespräch dokumentiert und helfen im späteren Abschlussgespräch den Auftrag zu closen, wie man neudeutsch sagt. Gemeint ist damit der Abschluss des Auftrages, das wichtigste Ziel im Vertrieb.

Auch die Markierung "Welcome-Box-Versand" tragen unzählige der Kontakte in unserem System. Aber was ist eine Welcome-Box? Neukundenaufträge mit einem bestimmten Auftragswert erhalten von uns eine Box mit einer individuellen Willkommensbotschaft per Post. Der Karton enthält einige Werbeartikel und einen Brief, in dem wir uns noch einmal für den Auftrag bedanken und die weiteren Vorteile unserer Firma darlegen. Eine Überraschung mit Wow-Effekt, die kein Kunde erwartet, aber auf jeden Fall begeistert. Genau diese Botschaft macht schon auf der Box neugierig: "Aufreißen, auspacken und vor Begeisterung ausflippen".

[Welcome-Box für neue Mitarbeiter und Kunden]

MITARBEITER FINDEN UND BINDEN

Werte definieren und Vision vermitteln

Du kennst sicher die Situation: Du gehst früh auf Arbeit in deine Firma, arbeitest fleißig deine Aufgaben ab, schaffst nicht das vorgestellte Soll und sitzt abends immer noch am Schreibtisch, während deine Mitarbeiter oder Kollegen pfeifend die Firma verlassen. "Schönen Feierabend Chef – machen Sie nicht mehr so lange...", hörst du und schaust abwechselnd auf die Liste der offenen Aufgaben und aufs Handy, währenddessen du eigentlich jederzeit auf den Anruf deiner Frau wartest, die dich sicher fragen wird, wo du bleibst. In diesem Moment kam ich oft in den Interessenkonflikt zwischen Business und Privatleben.

Oftmals stellte ich mir dann die Fragen:
"Warum machen die Mitarbeiter nicht das, was ich erwarte?"
"Warum setzen sie nicht den gleichen Fleiß an die Aufgabe wie ich?"
"Warum sitzt du noch hier, währenddessen sie nach Hause gehen?"

In einer Zeit ohne Beziehung war das für mich kein Problem. Das hat sich jedoch geändert. Klar, ich bin ein Workaholic. Das sagen zumindest alle um mich herum. Ich selbst sehe das gar nicht so. Ich sehe meine Arbeit nicht als Arbeit, sondern als Aufgabe. Meine Vision und meine Ziele treiben mich an. Und dann gibt es die einen Mitarbeiter, die gemeinsam mit mir am Wochenende an den Aufgaben sitzen und die anderen, die ihre Freizeit vorziehen. Ich möchte das nicht schlecht reden, aber natürlich wünscht man sich als Geschäftsführer oder Entscheider die Erstgenannten. Aber warum ist die Denkweise so unterschiedlich? Ich bin davon überzeugt, dass es an den Werten und dem Verständnis für die Vision liegt. Wenn dein Ziel und deine Vision bekannt sind und du weißt, warum du etwas tust, ist die Motivation viel höher. Darum ist es deine Aufgabe, dein Team so zu fördern und an dieser Vision teilhaben zu lassen. Ich habe damit begonnen, meine Vision Vogtland immer und immer wieder zu wiederholen, weil ich davon überzeugt bin: Ständig wiederholtes Wissen wird zum Glauben. Wenn du dein Team immer wieder an deinen Gedanken teilhaben lässt, werden sie diese irgendwann verinnerlichen und auch leben, zumindest der Teil der Mitarbeiter, die diese Vision gut finden. Alles, was du täglich in deine Ohren hineinlässt, wird zwangsläufig bei dir im Kopf verarbeitet und verlässt zeitversetzt deinen Mund. Darum prüfe auch genau, mit wem du dich umgibst und welche Medien du konsumierst. Aus meiner Vision Vogtland habe ich nicht nur den Arbeitsauftrag, sondern die Leidenschaft meiner Mitarbeiter für ihre Arbeit entwickelt. Ich habe immer wieder betont und bin der festen Überzeugung: Wenn wir einen guten Job machen, sind die Unternehmen in unserer Region sichtbarer. Die Aufmerksamkeit der Kunden und auch das Geld folgt dieser Sichtbarkeit. Die Kaufkraft und die Wertschöpfung bleibt in der Region und somit auch die Gewinne. Ein in der Region ausgegebener Euro bringt Steuern und ermöglicht uns hier vor Ort etwas zu gestalten. Das kann ich als Ortschaftsbürgermeister nur bestätigen und meine Argumentation wird authentisch, wenn Bürger und Mitarbeiter Geschaffenes sehen. Wir sind die eigentliche Wirtschaftsförderung und eines der wichtigsten Zahnräder im Wirtschaftskreislauf unserer Region. Daher sind wir die Gestalter unseres Vogtlandes. Darum hat sich unsere Vision entwickelt: "Wir gestalten das Vogtland. Weil wir es lieben". Alle unsere Aktivitäten stellen wir auf den Prüfstand, in dem wir uns fragen: Dienen diese unserer Vision?

Wenn ja, wird es gemacht und alle Teammitglieder leisten ihren Beitrag dafür. Dadurch schaffst du eine Firmenkultur und eine Motivation, die du nicht aufhalten kannst. Die Mitarbeiter denken eigenständig mit.

Sie sind viel mehr motiviert und leisten ihren Beitrag, um ein Teil dieser Vision zu sein. Bei diesem Ehrgeiz sortiert sich das Team natürlich auch. Mitarbeiter oder Kollegen, die nicht mitziehen, werden das nicht aushalten und das Team verlassen. Im gleichen Atemzug wirst du neue kennenlernen, die genau deshalb bei dir und für dich arbeiten wollen. Daher gehe jetzt los und entwickle deine Vision und frage dich: "Warum mache ich das, was ich tue?"

Im nächsten Schritt musst du Werte schaffen, die dein Team zusammenhalten. Spätestens mit dem Einzug meiner beiden Teams in die alte Bauschule, unser neues Firmengebäude, hat sich ein gewaltiges Potential entwickelt. Aus den beiden Teams ist eine Bande geworden. Im positiven wie auch im negativen Sinne. Die Bande hat zusammengehalten wie Pech und Schwefel. Die Stimmung war ausgelassen und man war froh, endlich gemeinsam an einem Standort zu arbeiten. Jedoch hat jeder mit jedem kommuniziert, der Buschfunk hat sich entwickelt und kleine Gruppen haben sich gebildet. Es wurde Zeit, Werte zu entwickeln, die unser Team prägen und sich jeder mit denen identifiziert. Ich habe mich also mit dem Thema Werte des Teams beschäftigt und mich dazu informiert. Wenn dein Fokus auf diesem Thema liegt, schaust du überall genauer hin. So bin ich in eine große Firma gekommen und habe neidisch auf die große Wertewand im Foyer geschaut und mir diese abfotografiert. Ich dachte: "Klasse, dies nehme ich und veröffentliche sie bei mir in der Firma." Ich kann dir nur raten: Mache das nicht. Nur ein Zufall hat mich vor diesem Fehler bewahrt. Als ich gerade dabei war, das zu fotografieren, kam ein Teamleiter der Firma vorbei und ich habe ihn angesprochen: "Hey, toll was ihr in eurer Firma für Werte habt, ich bin begeistert".
Darauf antwortete er mir: "Keine Ahnung, haben die Chefs entwickelt. Habe ich mir noch nie durchgelesen." Er ging weiter.
An dieser Stelle wurde mir bewusst: So darf es nicht sein. Du musst die Werte gemeinsam mit deinen Mitarbeitern entwickeln. Es müssen ihre Werte sein und alle müssen sie kennen und leben. Sonst sind sie nur

eine Buchstabenfolge auf schön bedruckten Acrylglasplatten in deinem Eingangsbereich. Diese Aufgabe habe ich mir angenommen und habe durch einen Coach ein Meeting führen lassen, um die Werte gemeinsam im Team zu entwickeln. Verschiedene Instrumente haben wir angewendet, um die Frage zu klären:

Was ist dir im Team wichtig?
Warum arbeitest du bei uns?
Warum gehst du die Extrameile für die Vision?

Alle diese Ideen, Meinungen und Stichpunkte des Teams haben wir zusammengetragen und in einem großen Flipchart dokumentiert. Wir haben uns darauf verständigt, diese – unsere Werte – im Treppenhaus zu veröffentlichen, sodass jeder täglich daran erinnert wird.
Jetzt stellst du sicher die Frage, was da zusammengekommen ist.
Hier haben wir festgestellt, dass diese Werte sehr unterschiedlich ausfallen. Während die einen eher Harmonie, Zusammenhalt, Kommunikation und Loyalität als wichtigstes empfinden, stellen andere Kreativität, Know-How oder moderne Struktur in den Vordergrund. Andere lieben einfach die Vision, die Innovation und die Extrameile, die das Team geht. Beim Zusammentragen dieser vielen Impulse kam unserer Betriebsleiterin eine Idee. "Wir hatten doch mal so einen Werbecocktail für unseren Kunden, lasst uns doch einfach unseren Wertecocktail fürs Team mischen". Bekannt für unsere Umsetzung wurde diese Idee aufgegriffen und in die Tat umgesetzt. Ein guter Cocktail besteht immer aus einer Basis und einem Geschmacksgeber. Genau so ist unser Wertecocktail "Täubis Colada" entstanden. Qualität unserer Arbeit, aktuelle Technik, hochwertige Materialien, Kreativität, moderne Strukturen und Know–How bilden somit die Basis unseres Cocktails und unserer Firma. Die Geschmacksgeber im Team sind dann Vertrauen, Harmonie, Kommunikation, Loyalität, Leidenschaft, Ehrlichkeit und Zusammenhalt. Dies konnten wir bei uns im Foyer super abbilden, indem wir mit Wandtattoo-Folie diese Werte an die Wand montierten.

EXTRA-MEILE
INNOVATION
VISION

TÄUBI'S COLADA

KOMMUNIKATION VERTRAUEN
LOYALITÄT ERFAHRUNG
LEIDENSCHAFT
EHRLICHKEIT HARMONIE
ZUSAMMENHALT
QUALITÄT
AKTUELLE TECHNIK
HOCHWERTIGE MATERIALIEN
KREATIVITÄT
MODERNE STRUKTUREN
KNOW-HOW

[Unser Wertecocktail ist im Treppenhaus für alle sichtbar.]

Die orange-weiße Farbe im Treppenhaus trennt dabei die Basis und die Geschmacksgeber. Das Schirmchen auf dem stilvollen Glas voller leckerer Werte bildet die Extrameile, die Innovation und die Vision. Neben der Wertewand haben wir ein Acrylschild mit dem Hinweis: "Ich bekenne mich zu diesen Werten" installiert. Hier unterschreiben alle alten und neuen Kollegen und bekennen sich zu diesen Werten. Wichtig ist jedoch: Wenn neue Mitarbeiter ins Team kommen, musst du dir die Zeit nehmen und diese mit den Werten bekannt machen. Sonst wird irgendwann das Gefühl entstehen, dass sie bei der Erstellung nicht dabei waren und diese für sie nicht gelten. Mache deinem Team ständig bewusst, warum es notwendig ist, diese Werte zu leben und wiederhole sie regelmäßig. Wie wir das machen, berichte ich noch auf den nächsten Seiten dieses Buches.

Vielleicht stellst du dir jetzt die Frage, warum man diese Werte im Team braucht. Stell dir vor, du hast einen Konflikt zwischen zwei Mitarbeitern mitbekommen. Du fragst den einen, was los ist und bekommst irgendeine tolle Begründung, warum ein anderer etwas falsch gemacht hat. Das gleiche, wenn du den anderen Kollegen befragst. Als neutral Außenstehender wirst du in unzähligen Fällen feststellen, es mangelt einzig und alleine an der Kommunikation und der Harmonie. In diesen Fällen nehme ich gerne die beiden Kollegen, gehe mit ihnen gemeinsam zur Wertewand und frage: "Welcher ist euer wichtigster Wert auf dieser Wand, was die Teamwerte angeht?"

Du kannst sicher gehen, es kommt Harmonie, Vertrauen oder Kommunikation. Ganz einfach kannst du dann reagieren mit der Frage:

"Meinst du, das ist harmonisch für das Team, wenn zwischen euch ein kleiner Konflikt herrscht?

Meint ihr, es entsteht Vertrauen, wenn ihr nicht miteinander über das Thema redet?

Wäre es nicht wichtiger, über das Problem zu reden, als es tot zu schweigen?"

Spätestens an diesem Punkt weicht die Stimmung auf und ich bin sicher, die Herausforderung lässt sich in wenigen Sekunden klären. Klar kannst du nicht alle Konflikte mit dieser Strategie beenden, jedoch einige. Ich habe im nächsten Schritt meine Teamleiter dazu ausgebildet, diese Strategie in ihren Teams auch anzuwenden. Das verschafft dir als Geschäftsführer einen unheimlichen Zeitvorteil, weil du dich nicht mehr mit jedem Mini-Konflikt beschäftigen musst. Oftmals höre ich in letzter Zeit: "Alles schon geregelt, Chef", wenn ich mal nachfrage, weil ich zufällig einen Streit mitbekommen habe. Klasse, oder?

Jetzt liegt es an dir, diesen Grundstein zu legen. Schaffe gemeinsam mit deinem Team Werte und wichtig: haltet euch daran.

Nachdem unsere Wand fertiggestellt und die Werte definiert waren, kam der Kritikpunkt auf, dass ja wohl nicht alle Kollegen gleich seien und jeder andere Charakterzüge und Werte vertrete. Wir hatten es uns also zur neuen Aufgabe gemacht, etwas ganz individuelles zu entwickeln. So sind wir auf die Idee gekommen, für jeden Mitarbeiter einen eigenen Cocktail zu mixen. Das heißt, jeder Mitarbeiter durfte sich den Namen seines Cocktails überlegen, das Glas bestimmen und einen persönlichen Spruch oder Zitat wählen. Die Inhalte von dem Mixgetränk mit den Charaktereigenschaften des Mitarbeiters bestimmen die Kollegen aus dem Team. Im Meeting überlegen wir wertschätzend, was den Kollegen ausmacht, der heute seine Cocktailmischung erhält. Ich glaube, ich brauche dir nicht zu sagen, wie motivierend es für den einzelnen ist, wenn sich das ganze Team die nächsten Minuten um ihn Gedanken macht und zusammenträgt, was ihn ausmacht und das offen ausspricht. Somit entstehen auf den Leib geschneiderte Charakteristika der einzelnen Kollegen. In einer gemeinsamen Beratung haben wir festgelegt, dass ein neues Teammitglied erst am Ende seiner Probezeit (also nach sechs Monaten) seinen persönlichen Cocktail erhält. Erstens können die Kollegen ihn oder sie nach einem halben Jahr einschätzen und kennen besser seine Werte. Außerdem ist es eine totale Motivation und Wertschätzung für den Mitarbeiter, wenn er diesen erhält. Das auf Acryl gedruckte individuelle Werk ziert dann das Treppenhaus und das Team-Member hat jetzt die Gewissheit: Ich bin im Team angekommen.

Ein Bild und die kreative Berufsbezeichnung, wie Pixelakrobat oder Hashtagger runden das Bild ab. Gäste haben natürlich die Möglichkeit, ihren Ansprechpartner bereits mit Foto zu sehen und eventuelle Bewerber motiviert die Wertschätzung, sich für das Team zu bewerben. Regelmäßig posten wir die Übergabe der persönlichen Zertifikate auch auf den Social-Media-Kanälen, um neue Bewerber auf uns aufmerksam zu machen.

[Marko und Sarah haben nach der Probezeit Ihren persönlichen Cocktail vom Team erhalten.]

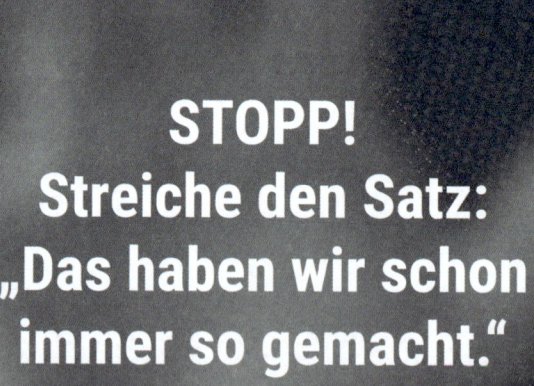

Werte sind nicht gleich Gewohnheiten

Bei dieser Herangehensweise ist es wichtig, die Werte, die du in deinem Unternehmen entwickelst, nicht mit Gewohnheiten zu verwechseln. Daher solltest du regelmäßig die Werte auf den Prüfstand stellen und auch die alltäglichen Gewohnheiten. Nichts ist für mich schlimmer als der Satz "Das haben wir schon immer so gemacht."
Ich kenne das nur so gut aus meiner Zeit im öffentlichen Dienst oder im IT-Konzern, als Innovationen so träge waren wie ein Containerschiff auf den Weltmeeren. Jedes Mal, wenn ich eine Idee oder einen neuen Weg zur Lösung hatte, wurden diese blockiert mit dem oben genannten Satz. Ich habe es gehasst und mir geschworen, das nie zuzulassen. Bei meiner Recherche zum Thema Gewohnheiten bin ich auf ein Experiment mit Affen aufmerksam geworden, das wie folgt aussah: Fünf Affen sind in einem Käfig. In der Mitte hängt eine Leiter und ganz oben eine Staude Bananen, darüber eine Wassersprinkleranlage. Jetzt wissen wir aus der Biologie, Affen lieben Bananen, hassen aber Wasser. Jedes Mal, wenn ein Affe auf die Leiter steigt, geht die Anlage an und macht alle Affen nass. Das merken die Affen natürlich und fangen an, jeden Affen von der Leiter zu ziehen, sobald die erste Sprosse betreten wird. Soweit kann man das ja gut nachvollziehen. Jetzt wurde beim Experiment ein Affe ausgetauscht. Als er die Bananen sichtete, begann er hoch hinaus zu klettern und wurde von den anderen daran gehindert. Nach und nach wurden alle Affen ausgetauscht und es entstand eine neue Gruppe, die bisher nie nass wurde und die Situation gar nicht kannte.

Dennoch wurde jeder neue Affe von seinen Artgenossen von der Leiter gezogen, den man in den Käfig steckte. Genauso ist es in vielen Firmen. Aus meiner Zeit im öffentlichen Dienst kenne ich das nur zu gut, als ich mir einmal getraut habe, eine Krawatte zum Hemd zu tragen. Hier gab es die klare Anweisung: Krawatten nur für Abteilungsleiter. Warum weiß kein Mensch, aber es war nun mal so geregelt. Nirgends niedergeschrieben, aber dennoch Gesetz. Natürlich folgte direkt ein Gespräch mit meinem Chef und eine entsprechende Anweisung, das zu unterlassen. Warum? Weiß kein Mensch. Viele Gewohnheiten haben sich in Unternehmen eingeschlichen, obwohl keiner mehr so richtig weiß, warum das so gemacht wurde. Innovation wird oft nicht gelebt, weil Mitarbeiter nicht dazu ermutigt werden, etwas anders zu machen. Dabei haben sich die Bedürfnisse vor allem bei jungen Menschen geändert. Ich habe meine Mitarbeiter stets dazu motiviert, anders zu sein, die Grenzen zu sprengen und einfach die Norm zu verlassen. Wir wollen anders sein als unsere Marktbegleiter. Die grüne und gerade in der Form gewachsene DIN-Gurke im Supermarkt wird keiner in der Kiste der anderen DIN-Gurken wahrnehmen. Daher wollen wir anders sein. Auffallend anders.

Bedürfnisse der Mitarbeiter im Wandel

Ausgiebig habe ich mich mit dem Thema Bedürfnispyramide nach Maslow beschäftigt, als ich mehr über das Thema Führung von Teams erfahren wollte. Es handelt sich dabei um ein Modell der Motivationstheorie, bei dem Menschen in fünf Stufen eingeteilt werden, die wiederum in zwei Gruppen eingeteilt werden. Das Modell des 1908 geborenen US-amerikanischen Psychologen Abraham Maslow spricht davon, dass erst das Bedürfnis der einen Stufe erreicht oder befriedigt sein muss, bevor für den Mitarbeiter die nächste Stufe wichtig wird und ihn diese motiviert.

Selbst-
verwirklichung
Individualität, Perfektion,
Talententfaltung

Soziale Wertschätzung
Respekt, Wohlstand, Geld, Status,
mentale Stärke

Soziale Beziehungen
Partnerschaft, Familie, Liebe, Freundeskreis, Intimität

Sicherheit
Recht und Ordnung, fester Arbeitsplatz, Absicherung, Schutz vor Gefahren

Grund- und Existenzbedürfnisse
Freiheit, Atmung, Schlaf, Nahrung, Wärme, Wohnraum, Gesundheit, Sexualität

Schaut man sich die Pyramide auf der Abbildung an, wird man feststellen, dass die unteren Stufen dazu dienen, die Grund- und Existenzbedürfnisse zu befriedigen. Hier sind die lebenswichtigsten Aspekte wie Atmen, Schlafen, Nahrung, Gesundheit, Wohnen aber auch Sexualität zu finden. In der nächsten Stufe der Sicherheit findet man Schutz vor Gefahren bzw. Absicherung. Die Stufe "Soziale Beziehungen" beinhaltet Familie, Freunde, Partnerschaft, Liebe, Intimität und Kommunikation. Erst wenn diese Bedürfnisse befriedigt sind, widmet man sich laut Maslow der "Sozialen Wertschätzung", wie Respekt, Status, Erfolg, körperlicher und mentaler Stärke. Die höchste Stufe der Pyramide ist dann die Perfektion, Erleuchtung, Individualität oder die Talententfaltung in der Stufe "Selbstverwirklichung". Wenn man das alles liest, kommt einem das ziemlich logisch vor und ich hätte das bis vor fünf Jahren auch blind unterschrieben. Ich will nicht die Theorie in Frage stellen, bin jedoch der Meinung, dass die aktuelle Zeit ein anderes Handeln hervorgebracht hat. Gerade in Deutschland ist durch die soziale Absicherung so ziemlich jeder aufgefangen. Ich finde das gut und ich kann auch nicht verstehen, dass unser engmaschiges Sozialnetz immer wieder bedürftige Menschen durch die Maschen gleiten lässt. Meine Frau belehrt mich an dieser Stelle oft über meine falsche Denkweise und erklärt mir Beispiele, warum das so ist. Dennoch fällt es mir schwer, das zu verstehen. Daraus ergibt sich bei mir die Theorie, dass für jeden unter uns die Grundbedürfnisse bedient sind, egal in welchem Status er sich befindet. Zugegeben, ohne Job ist es schwerer. Aber bei einer aktuellen Vollbeschäftigung in Deutschland fällt es mir nicht leicht Mitleid mit jemandem zu haben, der keinen Job hat, obwohl er in der Lage wäre einen anzunehmen. Ich schließe bei meiner Argumentation bewusst diejenigen aus, die auf Grund von gesundheitlichen Beeinträchtigungen keiner Beschäftigung nachgehen können. Jetzt höre ich doch schon wieder die Sozialverbände protestieren, wenn einer diese Zeilen liest und mich verteufelt. Wenn es so ist, dann ist es so. Ich schreibe dieses Buch für Leistungs- und Verantwortungsträger in unserer Wirtschaft und nicht für Low-Performer. Wenn du das liest, dann vermutlich deshalb, weil du auf der Seite derer stehen möchtest, die eine Wertsteigerung für unser Land erreichen wollen oder bereits erreicht haben. Dafür gratuliere ich dir und bin begeistert, dass du ein Teil davon bist. Ich bin davon überzeugt, dass vor allem bei der jüngeren Generation das Bedürfnis nach Selbstverwirklichung überwiegt und auch viele den Drang danach verspüren, obwohl die Stufen darunter noch nicht erfüllt sind. Jetzt bin ich kein Psychologe und will mir auch nicht anmaßen, das fachlich korrekt zu beurteilen, aber meine Erfahrung aus meinem Business hat mir gezeigt, dass wir uns nach und nach mit kleinen "Selbstverwirklichern" beschäftigen müssen. Gerade in der Medienbranche besteht das Team aus Künstlern. Verzeiht mir, wenn ich es so sage, aber ich finde, viele haben einen sprichwörtlichen Treffer. In meinen Vorträgen nehme ich mich dann immer selbst auf die Schippe, wenn ich sage: "Bei uns im Team haben alle einen Treffer und den größten davon, den habe ich." Ich meine das damit nicht negativ – im Gegenteil. Das Bedürfnis, sich selbst zu verwirklichen, sich einzubringen und aktiv mitzugestalten, überwiegt in der jungen Generation und das, obwohl die Grundbedürfnisse nicht befriedigt sind oder durch andere befriedigt werden. Prominentes Beispiel sind die Klimakleber auf den Straßen. Ich möchte das mal wertschätzend ausdrücken, auch wenn mir das schwer fällt: Die sogenannte "letzte Generation" bringt ihren Protest für einen besseren Klimaschutz zum Ausdruck und stellt diese Selbstverwirklichung als notwendiges Grundbedürfnis dar. Das kann jetzt jeder für sich selbst bewerten, wie er zu den Aktionen steht. Ich für meinen Teil befürworte und unterstütze Aktivitäten wie zum Beispiel das Pflanzen von Bäumen der Jugendorganisation bei uns im Ort. Solche Maßnahmen machen auf das Thema Klimawandel medial und lokal genauso viel aufmerksam, sind nachhaltig und unterbrechen nicht die Wirtschaftskreisläufe, die eigentlich dafür sorgen, die Grundbedürfnisse zu bedienen.

Das Bedürfnis nach Selbstverwirklichung und auch nach sozialer Wertschätzung übersteigt in vielen Branchen die Stufen 1 und 2 nach Maslows Pyramide. Immer häufiger führe ich Bewerbergespräche, bei denen es vor allem darum geht, gleitende Arbeitszeiten zu nutzen, nicht Vollzeit zu arbeiten oder schon bei Einstellung die Entwicklungschancen in der Firma zu erfahren. Auch in der oberen Hälfte der Pyramide findet man Abweichungen von der Theorie. Einige streben nach Selbstverwirklichung und legen kaum Wert auf Status, während anderen der Erfolg wichtiger ist und sie dafür soziale Beziehungen vernachlässigen. Gerade bei der Gründung einer Familie wechselt oft das Bedürfnis in Richtung Sicherheit und der Drang zur Selbstverwirklichung wird hinten angestellt. Das, was ich dir gerade berichte, ist keine Raketenwissenschaft und es gibt bestimmt unzählige, die das viel besser erklären können als ich. Vermutlich auch fachlich fundierter. Mein Ziel war es lediglich, dich an meinen Gedanken teilhaben zu lassen und Impulse zu setzen, um dir bewusst zu machen, warum sich in deinem Team einige Mitarbeiter entwickeln und andere nicht. Darüber habe ich sehr viel nachgedacht und in unserer Firma Möglichkeiten geschaffen, sich zu entwickeln und auch eigene Ideen einzubringen. Zugegeben, bei dieser Entwicklung sind bei uns Hierarchien entstanden, die es vorher nicht gab und Leistungsträger haben sich entwickelt und eine Bindung zur Firma entwickelt, die stärker ist als Stahlseile, während andere das Unternehmen verlassen haben, weil sie den Druck nicht ausgehalten haben. Neue Kollegen haben sich beworben, denen die Entwicklungschancen oder die Vision viel wichtiger waren als alles andere.

Ich denke da sehr oft an eine Mitarbeiterin zurück und an das Vorstellungsgespräch mit ihr. Wochenlang haben wir über die sozialen Netzwerke kommuniziert. Ich habe erfahren, dass sie gebürtige Engländerin ist und kürzlich wegen der Liebe in unser Vogtland gezogen ist. Heute würde ich behaupten, sie ist aus der Liebe zu unserer Region hierher gezogen. Vermutlich war es aber eher wegen der Zuneigung zu ihrem Partner. Einige Nachrichten gingen hin und her und sie hat aktiv auf unsere Stories reagiert und mit uns interagiert. Irgendwann hat sie mich gefragt, ob wir uns zu einem Gespräch treffen wollen, um die Firma und mich kennenzulernen. Ich weiß gar nicht, ob ich von einem Vorstellungsgespräch sprechen kann, denn es dauerte rund zwei Stunden und wir haben uns über alle möglichen Details und Ideen ausgetauscht. Im Vorstellungsgespräch habe ich einen Leitfaden aus zwölf Fragen und danach gebe ich immer den Bewerbern die Chance, fünf Fragen an mich zu stellen. Fragen, die mich bei dieser "Bewerberin" fast umgeworfen hätten. So lautete die erste Frage: "Michael, welche Service Level Agreements habt ihr bei der Beantwortung von Anfragen definiert?" So und jetzt kommst du. Service was? Wie du sicherlich aus einem vorangehenden Kapitel weißt, komme ich aus der IT und wusste zumindest, dass es sich um Reaktionszeiten handelt. Gemeint war also die Reaktionszeit auf die Beantwortung von Mails oder Anfragen, die das Team kennen muss und die du als Unternehmer erwartest. Jetzt mal ganz ehrlich: Hast du diese bei dir in der Firma definiert? Würdest du so eine Frage im Vorstellungsgespräch erwarten?

Es folgten noch weitere vier Fragen in ähnlicher Form, bevor von ihr der Satz kam: "Ich hätte noch 20 weitere aufgeschrieben, aber die können wir ja dann klären, wenn ich hier anfange." Alles klar, die Frau war eingestellt. Ich hatte keine Ahnung, auf welchem Posten oder für welche Aufgabe, aber ich wollte sie im Team haben. Wir haben uns verständigt, sie im Frontoffice einzusetzen, um in erster Linie unsere Firma kennen zu lernen und eine Kollegin zu vertreten, die bald in Mutterschutz gehen sollte. Beim Verlassen des Raumes nach dem Gespräch hatte ich festgestellt, dass wir zwar den Beginn der Arbeit, aber nicht über das Geld oder sonstige Rahmenbedingungen gesprochen hatten. Ich rief ihr im Treppenhaus nach und sie antwortete: "Ist doch erst einmal egal, ich möchte in dieser Firma arbeiten." An dieser Stelle weißt du: Dein Image und deine Visionen sind bekannt und Menschen wollen mit dir und für dich arbeiten.

Nach der Einstellung hat sie sich super entwickelt, Verantwortung übernommen und ein Team sowie ein neues Fachgebiet aufgebaut. Heute ist sie Fachbereichsleiterin „Digital Marketing" und hilft uns, die Firma zu entwickeln, indem sie sich aktiv einbringt und auch kritische Aktionen hinterfragt.

Jeder muss nun selbst für sich beurteilen, wie er sein Team gestalten möchte.

Fakt ist: Die Bedürfnisse der Mitarbeiter haben sich verändert und sind mit denen der letzten Jahrzehnte nicht vergleichbar. Es ist also deine Aufgabe, auf diese einzugehen, um dein Traumteam aufzubauen und zu binden.

Mache deine Mitarbeiter zum Mitentscheider

Im letzten Absatz haben wir viel über den Wandel der Bedürfnisse der Mitarbeiter erfahren. Aber wie schaffst du es jetzt, diesen Drang zur Selbstverwirklichung zu bedienen?

Ich habe mir vorgenommen, meine Mitarbeiter zu Mitentscheidern zu machen. Ich würde sogar noch eine Schippe drauf legen und würde sie als Mitunternehmer bezeichnen. Alle Entscheidungsprozesse werden von unserem Team und nicht von einzelnen getroffen. Das schließt die Entscheidung über Investitionen mit ein. Alle Wünsche für neue Techniken, Maschinen oder Software werden bei uns in einer Tabelle gesammelt. In einem gemeinsamen Meeting stimmen wir uns in regelmäßigen Abständen über die Prioritäten der Wünsche ab. So hat jeder Mitarbeiter die Möglichkeit, seinen Wunsch einzubringen und die Notwendigkeit zu begründen. Es entsteht daraus eine Übersicht des finanziellen Bedarfs für die anstehenden Investitionen und eine Prioritätenliste. Eine Übersicht, die nicht die Chefs, sondern das Team entwickelt hat. Unsere Mitarbeiter entwickeln so auch dafür Verständnis, dass die eine oder andere Anschaffung noch ein bisschen warten muss. Andererseits entsteht hier die Fähigkeit, für seine Bedürfnisse im Team zu werben. Auf jeden Fall haben wir ein Instrument zur Mitbestimmung des Teams geschaffen. Klingt alles nach wahnsinnig viel Demokratie. Hier gilt der Grundsatz wie in der Politik: Es muss demokratisch aussehen, wir müssen es aber in der Hand behalten. Ich will damit sagen, dass ich vor dem Meeting natürlich die Liste checke und prüfe, ob die Wünsche realistisch sind oder ob ich mit dem Mitarbeiter im Vorfeld noch einmal spreche. Das kommt relativ selten vor, da der Bedarf ja aus den Fachbereichen kommt und sich die Teams in der Regel im Vorfeld darüber abstimmen, ob es notwendig ist oder was sie brauchen.

Ein weiteres Instrument der Mitentscheider ist das Finanzbudget für die Teamleiter. Die digitale Buchhaltung hat es uns möglich gemacht, dass alle Facharbeiter alle Ein- und Ausgangsbelege unserer Firma einsehen können. Somit kann jeder beurteilen, was aktuell angeschafft wird, was wir für Material kaufen, welche Aufträge gerade laufen oder welche Rechnungen offen sind. Das Budget für die Teamleiter ermöglicht ihnen, in ihrem Fachbereich bis zu einer bestimmten Wertgrenze selbständig Käufe zu tätigen oder Entscheidungen zu treffen. Unsere Teamleiterin Produktion kann zum Beispiel für ihre Abläufe beim Lieferanten selbst die Aufträge auslösen, die ihren Fachbereich betreffen. Erst bei einer bestimmten Größe muss sie den Betriebsleiter um Zustimmung fragen. Du glaubst gar nicht, wie viel Zeit es dir spart, wenn du dir nicht über diese Entscheidungen Gedanken machen musst. Bei unzähligen Entscheidungen war ich bisher immer der Flaschenhals in der Wertschöpfungskette. Viele Entscheidungen wurden durch mich lange hinausgezögert. Damit war jetzt Schluss und die Mitarbeiter haben einfach das umgesetzt, was sie viel besser bewerten können. Jetzt könnte sicher der Einwand kommen: Wird das dann nicht ausgenutzt? Dazu kann ich dir sagen: Bisher nicht. Erstens ist das Risiko überschaubar. Du als Chef kannst doch die Budgetgrenze festlegen und nach Bedarf anpassen, nach oben oder nach unten. Zweitens haben unsere Mitarbeiter das noch nie ausgenutzt, da sie ja wissen, jeder kennt die Zahlen und besinnt sich auch auf die Werte. Wo ist denn die Harmonie, die wir als Wert definiert haben, wenn eine Fachabteilung sich bevorzugt? Und drittens: Du hast doch jederzeit die Möglichkeit einzuschreiten und es zu unterbinden. Aber ich kann dir versprechen, es wird nicht nötig sein. Du wirst überrascht sein über deinen Zeitgewinn. Du kennst es aus dem vorhergehenden Kapitel: Vertraue und lasse los. Schaffe jedoch für dich Kontrollinstanzen, um nicht den Überblick zu verlieren.

Das Kick-Off-Meeting – Werte und Ziele vermitteln

In den letzten beiden Absätzen habe ich dir davon berichtet, wie wichtig es für meine Firma ist, die Werte, aber auch die Ziele, immer wieder zu kommunizieren. Ständig wiederholtes Wissen wird zum Glauben und du musst es schaffen, wenn du nachts um zwei deinen Mitarbeiter weckst, dass er die Werte und Ziele aufsagen kann. Wie schaffst du das? Natürlich haben wir begonnen, immer wieder die Details zu besprechen und uns auf die Ziele zu fokussieren. Aber leider immer nur mit einzelnen, selten mit dem ganzen Team. Wenn man ehrlich ist, oft nur mit den Leistungsträgern, den Machern des Unternehmens. Und oft hatte man den Eindruck, dass über das Wochenende der Schwarze-Tafel-Effekt eingetreten ist. Ob es den gibt, weiß ich nicht. Ich stelle mir das manchmal wie einen Lehrer vor, der freitags die Ziele an die Tafel schreibt und die nach dem Tafeldienst wie weggewischt sind. Das Gefühl hatte ich manchmal Montagmorgen, als einige Mitarbeiter wie die ferngesteuerten Lemminge das Firmengelände betraten, zum Arbeitsantritt. Davon wollte ich weg. So ist die Idee vom Kick-Off-Meeting entstanden.

Du weißt in der Umsetzung liegt der Erfolg und zack war das Meeting eingeführt. Seitdem treffen wir uns jeden Montag pünktlich um neun mit allen Mitarbeitern im Treppenhaus an unserer großen Wertewand. Das Meeting dauert nur fünf Minuten und hat folgende Punkte:

[Montag: morgendliches Kick-Off-Meeting]

1. Dein Erfolg

Als erstes fordere ich einen Mitarbeiter auf, einen Erfolg aus der Vorwoche zu präsentieren und zu berichten. Das bewegt etwas in einem. Der Mitarbeiter wird dafür vom Team wertgeschätzt und macht sich überhaupt Gedanken über diese. Die positiven Eindrücke werden in den Vordergrund gestellt und überwiegen die negativen Erfahrungen. Jeder Kollege macht sich über seine Erfolge der Vorwoche Gedanken und reflektiert diese. Es weiß ja im Vorfeld keiner, dass und ob er mit sprechen dran sein wird. Das heißt, jeder muss sich zwangsweise mit seinen Projekten noch einmal beschäftigen. Auf jeden Fall zwingt es den Mitarbeiter, vor einer Gruppe zu sprechen. Man lernt sich auszudrücken und das Sprechen vor anderen. Es minimiert die Hemmschwelle und die Kollegen befinden sich hier beim Üben im geschützten Bereich unter den Kollegen. Ich bin davon überzeugt, dass vor allem die Weiterentwicklung der Fähigkeit frei zu sprechen an der Persönlichkeit der Menschen arbeitet. Jeder, der gut sprechen kann, wird immer vorgeschickt. Egal, ob bei Verhandlungen oder an der Kinokasse. Die, die vorgeschickt werden, entwickeln sich immer weiter. Darum ist es wichtig für deine Mitarbeiter nicht nur das Fachliche, sondern auch das Sprechen zu üben.

2. Die Werte

Der Kollege, der seinen Erfolg präsentiert hat, fordert einen Kollegen seiner Wahl auf, einen Firmenwert vorzustellen. Auch hier weiß keiner, wer dran ist und muss sich zwangsläufig mit den Werten beschäftigen. Der Nominierte sucht sich am Wertecocktail seinen Favorit aus und stellt diesen mit seinen Worten vor. Hierbei ist mir immer wichtig zu erfahren, warum ihm dieser Wert so wichtig ist. Das Wissen kannst du dann wiederum verwenden, wenn es mal zu Konflikten kommt und du sie an das Gesagte erinnerst. Du merkst: Der Teufelskreis schließt sich langsam. Ist der Sprecher fertig, dann nominiert dieser einen weiteren, der den Mitarbeiterwert eines Kollegen beschreibt. Hier helfen die Cocktails bei uns im Treppenhaus mit den Charaktereigenschaften der Teammitglieder. Man sucht sich also einen Kollegen aus, beschreibt eine Eigenschaft und warum man diese so schätzt. Ich sage dir: Das ist der Hammer. Hier erfährst du Sachen über dein Team, die sonst vermutlich verborgen bleiben. Außerdem hebt es die Stimmung nicht nur bei den Mitarbeitern, sondern beim gesamten Team. Es gibt Kollegen, da konnte man schon Tränen in den Augen beobachten, wenn andere über sie gesprochen haben. Andere musste man sprichwörtlich anleinen, weil sie sonst auf Wolke sieben weggeflogen wären. Auf jeden Fall macht es eine Superstimmung am Montagmorgen. Zugegeben, das funktioniert nicht bei allen. Die, die diese positive Stimmung nicht ertragen, werden aber auch andere Aktionen nicht gut finden. Das sind dann diejenigen, die nicht zur Weihnachtsfeier kommen und denen kurz vor dem Grillfest unwohl ist. Du musst für dich entscheiden, ob du diese im Team haben willst.

3. Die Ziele

Der letzte und kürzeste Teil des Kick-Off-Meetings ist der Fokus auf ein Ziel. Hier nenne ich noch einmal ein Quartalsziel und bekräftige, warum das so wichtig ist. Oftmals gibt es eine aktuelle Story, die man verwenden kann oder man holt sich einen externen Impuls. Ich nutze hierfür gern Zitate oder Inhalte aus dem Podcast meiner Mentoren, um ein positives Stimmungsbild für die Woche zu erzeugen. Manchmal nutze ich auch die Gelegenheit, mich an bevorstehende Termine oder Events zu erinnern. Wichtig dabei ist mir immer ein Ziel und dass jeder mit einem positiven Gefühl aus dem Kurzmeeting in die neue Woche startet.

Wenn ich nicht da bin, moderiert einer der Betriebsleiter das Meeting. Auf jeden Fall wird es per Video aufgezeichnet und auf unserer Schulungsplattform veröffentlicht. Dadurch kann jeder das Meeting schauen, der evtl. nicht dabei war und jeder Sprecher hat die Möglichkeit, sich selbst einmal zu hören und zu verbessern.

Die Meinungen der anderen bezahlen nicht deine Rechnungen.

Am Ende des Meetings applaudieren alle Mitarbeiter und starten voller Energie in den Alltag. Manchmal passiert es, dass bereits Kunden oder Lieferanten beim Meeting dazustoßen. Dann ist es halt so. So sehen sie, was sie bei uns erwartet. Viele kennen so etwas nicht und es wechselt sich Schock und Begeisterung darüber ab.

Manchmal habe ich schon Stimmen gehört, die gesagt haben: "Das ist ja wie bei einer Sekte". Das kann ich so überhaupt nicht unterschreiben. Aber wenn man eine Sekte beschreibt mit Zusammenhalt, mit Harmonie, innovativen Ideen und mit einer gemeinsamen Vision für die Region und für die Ausbildung junger Menschen: Dann sind wir halt eine. Es ist mir völlig egal, was die anderen über das Konzept denken. Die Meinungen der anderen bezahlen nicht meine Rechnungen.

Dafür kritisiert wurde ich noch nie von Menschen, die mehr Mitarbeiter als ich beschäftigen. Kritik oder Anfeindungen kamen bisher immer von denen, die sich selbst nicht trauen, eine 520-Euro-Kraft einzustellen. Das eine kann ich dir versprechen: Egal was du aus diesem Buch mitnimmst, es wird jemanden geben, der das nicht gut findet und dich dafür kritisiert. Es wird welche geben, die dich oder mich als Spinner bezeichnen. Ja bestimmt. Einer meiner Mentoren hat zu mir über Hater gesagt: "Gehatet wird immer von unten." Und vielleicht noch mal zur Verdeutlichung: Ich schreibe dieses Buch nicht für die Kritiker, sondern für die, die etwas verändern wollen. Gemeint ist die Veränderung für dein Leben. Mit einem Team, was dir vertraut, dich bei deinen Zielen unterstützt und dir den Rücken freihält. Nachgelagert kannst du mehr Zeit für die wichtigen Dinge im Leben verwenden. Ich habe es lange nicht geschrieben: Aber der Tag hat keine 48 Stunden. Kein Tag. Daher meine Idee: Gehe neue Wege und führe ein regelmäßiges Meeting ein, um deine Mitarbeiter zu motivieren.

Die Ideenfabrik – Finde mehr Potential durch deine Mitarbeiter

Die Motivation und Frustration von Mitarbeitern liegen dicht beieinander. Zumindest genau so gut wie man sie motivieren kann, gelingt es dir als Führungskraft, sie ins Tal der Unzufriedenheit zu befördern. Der Demotivation folgt eine weitere und schließlich dann die Trennung vom Mitarbeiter. Entweder durch dich oder ihn selbst. Durch dich, wenn dann die Leistung nachlässt oder durch ihn, weil er die Nase voll hat. In den meisten Fällen trennen sich die Arbeitnehmer nicht vom Unternehmen, sondern von der Führungskraft, also von dir als Unternehmer, Geschäftsführer oder Inhaber. Eine aktuelle Studie zeigt, dass 87% der Beschäftigten keine Bindung zu ihrer Firma haben und 40% auf der Suche nach einem neuen Job sind, während sie für dich arbeiten. Das habe ich selbst schmerzlich gelernt, als Mitarbeiter meine Firma verlassen haben. In den meisten Fällen lag die Schuld bei mir, dass ich den Prozess der Abwärtsspirale in der Bindung zur Firma nicht unterbrochen habe. Da habe ich mir oft die Frage gestellt: Wann genau hast du den Mitarbeiter demotiviert? Heute bin ich der Meinung, es gibt nicht den einen Tag oder den einen Anlass. Es ist eine Sammlung von Ereignissen, die Erfolg oder Pech zum Schluss zur Perfektion verhelfen. Andersherum könnte ich die Frage stellen: Wann hast du begonnen, deinen Partner / deine Partnerin zu lieben? Hierfür wird es keinen Tag geben. Klar gibt es einen Tag des Zusammenkommens oder der Heirat. Alles davor war eine Ansammlung von positiven Impulsen, die dich zum Annähern oder Lieben gebracht haben. Genau andersherum ist es bei dem Beenden eines Arbeitsverhältnisses. Jetzt habe ich hierbei bestimmt nicht alles richtig gemacht und mache nach wie vor jeden Tag Fehler, aber ich habe mir vorgenommen, immer mehr Tatsachen zu schaffen, um eine negative Stimmung bei meinen Mitarbeitern zu vermeiden. So ist die Ideenfabrik entstanden.

Stell dir vor, du bist Mitarbeiter einer Firma und hast eine coole Idee, von der du überzeugt bist. Diese wird die Firma voranbringen. Dennoch fällt es dir schwer, den Chef anzusprechen. Einmal passt der Moment nicht, dann hat er vielleicht kein offenes Ohr oder gar schlechte Laune. Das Stresslevel kannst du oftmals nicht beurteilen und der perfekte Moment, den gibt es nie. Schließlich triffst du ihn in einer vermeintlich guten Situation. Er füllt gerade in der Kaffeeküche seinen Pott auf und du schilderst ihm deine Idee. Noch während der Ausführung klingelt sein Telefon, er rennt zum nächsten Termin und trifft auf dem Weg dorthin noch zwei deiner Kollegen. Jetzt kannst du dir sicher sein, deine Idee hatte eine Halbwertzeit bis zur Tür der Teeküche und ist vermutlich beim Chef längst vergessen. Demotivationstufe 1 ist leicht erreicht. Vielleicht traust du dich ein zweites Mal, ihn anzusprechen, weil du von der Idee oder deiner Innovation absolut überzeugt bist. Vermutlich wird ähnliches passieren und die Stufe 2 ist bei dir erreicht. Einige Zeit vergeht und du sitzt in einer Besprechung mit allen Kollegen und traust dich wieder einmal nicht, deine Idee zu präsentieren. Ist sie gut genug? Will sie jemand hören? Gespannt hörst du die Ideen deiner Kollegen und denkst innerlich: "Wow, meine Idee ist viel zielführender." Dennoch traust du dich nicht, sie auszusprechen, weil du in der Diskussion nicht zu Wort kommst. Stufe 3 der Demotivation ist erreicht. Plötzlich unterbricht dein Chef die Diskussion und hat eine Idee. Ein Geistesblitz, der diesem aus der Teeküche zu 100% ähnelt. Alle bestätigen ihn und feiern ihn für diesen Einfall, Stufe 4 ist erreicht. Das ist der Moment, an dem du darüber nachdenkst, ob es sich überhaupt noch lohnt sich einzubringen, du dir darüber Gedanken machst, den Job zu wechseln. Genau so ging es mir bei meinem ehemaligen Arbeitgeber, als

ich noch angestellt war. Stärker kannst du einen Mitarbeiter nicht demotivieren und ich habe mir geschworen: Das will ich anders machen.
Bei diesem Vorhaben habe ich mich von meinem Idol Mike Fischer,
von der Fischer Academy aus Gera, inspirieren lassen. Er hatte damals
seine Umdenkfabrik in seiner Firma installiert und seine Mitarbeiter
motiviert, eigene Ideen einzubringen. Ich wollte nicht zwingend zum
Umdenken, sondern zum Mitdenken und Ideen einbringen motivieren
und habe mich entschieden, mein System einfach "Ideenfabrik" zu nennen. Begonnen habe ich damit ein Formular zu entwickeln mit ein paar
Standardfragen zur Idee:

Wie war es bisher?
Was ist die Idee?
Was bringt uns das?
Wie kann die Idee umgesetzt werden?
Was wird es kosten?
Bis wann ist die Idee umgesetzt?
Mit wem wird die Idee umgesetzt?

Dies konnte bei mir abgegeben werden. Jetzt wollte ich vermeiden,
dass die Ideen nun in einem Aktenhefter verstauben. Ein System musste her. Wir haben uns also dazu entschlossen, die Ideenfabrik in unserer
Projektsoftware abzubilden. Ein neues Board war schnell erstellt und
die Musteridee und das Formular dort abgelegt. Aber wie kommt es
jetzt zur Umsetzung der Idee oder was ist überhaupt eine Idee? Grundsätzlich hat jetzt jeder Mitarbeiter die Möglichkeit, seine Idee direkt
einzubringen, indem er über seinen Rechner oder das Smartphone das
Formular ausfüllt. Wenn du jetzt denkst, da kommen kostspielige Geis-
tesblitze, dann kann ich dich beruhigen. Viele Ideen sind kostenneutral
oder kosten wenig, bringen jedoch eine deutliche Verbesserung. Einmal
hatte eine Mitarbeiterin die Idee einen Süßigkeitenschrank zu installieren. Immer, wenn nach einer kreativen Phase der Heißhunger nach etwas Süßem bei uns aufkam, sind die Mitarbeiter durch die Firma geirrt

[Abstimmung über die beste Idee aus der Ideenfabrik]

und haben vergeblich etwas gesucht. Erst wollten wir einen Snackautomat anschaffen, aber die Miete dafür sahen wir als überflüssig. Wir haben einfach einen Schrank mit Riegeln, Gummitieren und Snacks gefüllt und eine Kasse des Vertrauens aufgestellt. Die Ideengeberin kümmert sich regelmäßig ums Auffüllen von unserem kleinen Snackregal. Eine weitere Idee war die Businessbibliothek, in der die Kollegen gelesene Bücher einstellen und einfach Bücher ausleihen können. Was kostet die Idee? Fast nichts. Ein bisschen Arbeitszeit und ein altes Regal – bringt aber einen totalen Mehrwert für die Leseratten in unserer Firma. Die nächste Situation kennst du bestimmt. Alle sind auf der Suche nach einem Schlüssel, gerne vom Firmenfahrzeug oder vom Keller. Während ein Mitarbeiter die Idee hatte, ein zentrales Schlüsselbrett zu installieren, verfeinerte ein anderer das Vorhaben mit kleinen Schildchen, die man an den Haken hängt, wenn man den Schlüssel entnimmt. So weiß jeder, an wen er sich wenden muss, wenn der Haken leer ist. Bei den meisten Ideen handelt es sich nicht um riesige Innovationen, aber du gibst den Mitarbeitern die Chance, sich einzubringen und hilfst der Betriebsblindheit entgegenzuwirken. Ein Mitarbeiter hatte mal den Einwand, eine Garderobe im Schulungsraum zu installieren. Jetzt habe ich mich gefragt, wofür, weil wir ja alle unsere Jacken in den Büros haben. Aber was ist mit den Gästen? Sie hängen die Jacken über den Stuhl. Bisher ist mir das nicht aufgefallen. Ich glaube, das ist so ein typischer Fall von Betriebsblindheit. Hier war schnell eine kleine Garderobe montiert und die Idee umgesetzt. Wo wir gleich beim Thema wären. Wann wird eine Idee umgesetzt und wer entscheidet, welche Idee zur Umsetzung kommt? Die Lösung ist ganz banal und einfach. Alle Ideen sind bis zum jeweils letzten Montag des Monats einzutragen. Am Abend oder Folgetag prüft unser Ideenmanager, das ist der Verantwortliche für die Ideenfabrik, mit mir gemeinsam, ob es eine Idee oder eine Investition ist. Sollte die Idee ein bestimmtes Limit an benötigten Finanzen übersteigen, ist es ein Invest und wird in die Wunschliste eingetragen, die ich in diesem Kapitel bereits beschrieben habe. Die geprüften Ideen können dann beim Meeting vorgestellt werden. Hier hast du als Entscheider noch einmal die Möglichkeit, komplett abstrakte Ideen zu filtern und den Mitarbeiter noch einmal anzusprechen, seinen Vorschlag zu überdenken oder anzupassen. Beim Meeting moderiert dann der Ideenmanager das Meeting und lässt alle Mitarbeiter den eigenen Gedanken erklären. Das Team bewertet jetzt, ob es zur Umsetzung kommt. In den meisten Fällen wird das so gemacht. So erreichen uns im Schnitt etwa sieben bis acht Ideen jeden Monat, die unsere Firma voranbringen. Das Team stimmt per Handzeichen über jeden einzelnen Vorschlag ab und der Gewinner mit dem besten Einfall bekommt einen Tankgutschein. Jedoch nur, wenn er sein Vorhaben bis zum nächsten Ideenmeeting in vier Wochen umgesetzt hat.

Denn in der Umsetzung liegt der Erfolg. Außerdem zahle ich weitere 100 Euro in die Teamkasse fürs nächste Teamevent ein, wenn mindestens 75% der Gedankenblitze in einem Monat erfolgreich zum Abschluss kommen. Das erhöht im Team den Fokus auf die Umsetzung der Vorhaben und die Motivation. Zusammengefasst ist bei der Einführung einer Ideenfabrik wichtig, dass du für alles Verantwortlichkeiten findest. Das heißt, du brauchst einen Ideenmanager und einen Stellvertreter. Außerdem brauchst du immer Teammitglieder, die die Verantwortung für ihre Projekte übernehmen. Es darf dir nicht passieren, dass sich aus den Ideen deiner Mitarbeiter Aufgaben für dich ableiten. Diese kosten dich wieder Zeit, die dir an anderen Stellen fehlt. Achte da ganz akribisch darauf, keine weiteren Aufgaben zu übernehmen. Für die Umsetzung des Ideenfabrik-Systems ist vorab für dich ein Zeitinvest notwendig, das Ergebnis wird dich jedoch begeistern und du wirst bald einen Mehrwert dadurch erkennen. Wie du das Vorhaben erfolgreich umsetzt, lernst du bei uns im Coaching.

Der Internal Day – Zeit, um am Unternehmen zu arbeiten

Nach dem Lesen der letzten Seiten wirst du dir sicher denken: "Micha, wann soll ich das denn alles umsetzen?" Und ich kann dir sagen: Du gar nicht. Fassen wir mal kurz zusammen. 7-8 Impulse aus der Ideenfabrik, hunderte Prozessdokumentationen, eine Schulungsplattform, die digitale Buchhaltung und Automatisierungen. Wann soll man das umsetzen und wo fange ich damit an? Ich habe anfangs Fehler gemacht und habe alles auf eine ToDo-Liste geschrieben, die ständig länger geworden ist. Darüber haben wir uns im Kapitel 3 ja bereits ausgetauscht. Ich hatte zwar Termine für die Abarbeitung geblockt, dennoch war es mir nicht möglich, diese im Tagesgeschäft abzuarbeiten. Außerdem haben mir bei einigen Vorhaben schlichtweg das Wissen und die Erfahrung gefehlt. Diese Aufgaben habe ich dann delegiert und ständig Kundenaufträge vorgezogen, weil diese vermeintlich Geld brachten. Dennoch hatten wir keine Zeit, unsere internen Aufgaben zu erledigen. In diesem Zusammenhang fällt mir immer die Metapher vom Holzfäller ein. Der fleißige Holzfäller schlägt fleißig Kerben in die Bäume und legt einen nach dem anderen Baum um. Immer weiter und weiter und die Axt wird immer stumpfer. Plötzlich kommt ein Jäger vorbei und sagt: "Holzfäller, du plagst dich ja ab, du musst deine Axt wieder mal schärfen." Daraufhin der fleißige Arbeiter: "Ich habe keine Zeit, ich muss ja Bäume fällen."

Jetzt wirst du vielleicht über den Waldarbeiter schmunzeln, aber geh mal selbst mit dir ins Gericht. Wie oft ging es dir schon so, dass du eigentlich deine Axt schärfen musst oder deine Abläufe anpassen musst und hast aber weitergemacht, weil der Termindruck im Raum stand. Mir ging das fast jeden Tag so und im Tagesgeschäft kam ich nicht dazu. Aus diesem Grund habe ich den Täubi-Internal-Day eingeführt. Das ist der Tag, an dem es verboten ist, Kundenaufträge zu bearbeiten. Es ist der Tag, an dem die Täubi-Axt geschärft wird. Immer am letzten Mittwoch im Monat findet dieser statt. Wir haben an diesem Tag keinen Kundenverkehr und widmen uns den internen Anliegen. Der Vertrieb kalkuliert neue Produkte, die Grafik erstellt eigene Flyer, die Produktion bedruckt die Firmenkleidung, beschriftet die eigenen Fahrzeuge oder verschönert das Gebäude. Ich selbst nutze den Tag komplett, um an Prozessen zu arbeiten und neue Digitalisierungen zu entwickeln. Während das ganze Team an diesem Tag gemeinsam zu Mittag isst, nutzen wir den Nachmittag ab 14:30 Uhr für unsere Meetings. Zeitverantwortlich findet eine halbe Stunde Schulung fürs Team statt. Hier werden Prozesse geschult oder Hilfestellungen zum Beispiel im Umgang mit Software oder Kundengesprächen vermittelt. Im Anschluss wird vom Betriebsleiter das Teammeeting moderiert, bei dem alle ihre Tätigkeiten aus dem Internal-Day erklären. Information über neue Prozesse und Zeit für Anregungen finden in diesen 30 Minuten Platz. Immer unter dem Gesichtspunkt, nicht zu motzen, sondern unsere Firma zu entwickeln. Manche nennen dieses Treffen auch Mach-uns-besser-Meeting, weil es immer dazu dient, eine Verbesserung herbeizuführen. Hierbei hilft eine Anleitung für die Mitarbeiter, die wie folgt aussehen könnte:

Was ist gut gelaufen?
Was ist nicht so gut gelaufen?
Was lernen wir daraus?

Wichtig ist hierbei, mit einer konkreten Handlungsliste aus der Versammlung zu gehen, bei der es für die Aufgaben Verantwortliche und ein Zieldatum gibt. Im besten Fall bist du an der Erledigung nicht beteiligt. Sollten Entscheidungen dafür von dir getroffen werden, treffe sie wenn möglich gleich. Schnellen Entscheidern folgt der Erfolg auf den Fersen.

Die letzte halbe Stunde des Meeting-Marathons teilen sich die Ideenfabrik, die ich im letzten Absatz beschrieben habe und der Fail-Award. Dieser war ursprünglich auch eine Idee aus der Ideenfabrik und trägt zur sogenannten Fehlerkultur in unserem Unternehmen bei. Wie genau das funktioniert, beschreibe ich im nächsten Absatz. Zusammenfassend möchte ich dich noch einmal motivieren, dich und dein Team in regelmäßigen Abständen aus dem Tagesgeschäft zu nehmen und Zeit zu verwenden, die eigene Firma zu verbessern. Richte dir ein festes Zeitfenster dafür ein. Eine Regelung: "Wenn mal keine Aufträge da sind", ist keine Lösung. Du brauchst Zeit, nicht in, sondern an deinem Unternehmen zu arbeiten. Diese Zeit wird dir im Nachgang effektivere Prozesse und damit mehr Freizeit bescheren. Es wird also jetzt Zeit, die Axt zu schärfen.

Fehlerkultur in deinem Unternehmen
– Fehler müssen gemacht werden

Du kennst das sicherlich aus deinem Unternehmen: Du gibst alles dafür, Fehler zu vermeiden und eine 100%ige Qualität abzuliefern. Am liebsten will man als Chef alles kontrollieren und am liebsten jeden Auftrag überwachen. Bei uns war das wie folgt. Der Entwurf des Angebotes ging zu mir. Nach Freigabe verschickte der Mitarbeiter diesen. Der Entwurf der Drucksache musste an mich geschickt werden zur Kontrolle, bevor es der Kunde sah, bei langjährigen Mitarbeitern zumindest in Kopie bei der E-Mail. Nach Fertigstellung der Drucke wollte ich noch mal einen prüfenden Blick darauf werfen, bevor es unser Haus verließ und der Kunde es sah. Ich glaube, ich brauche dir nicht zu sagen, wie viel Zeit und Kommunikationsaufwand das bedeutete. Bei eiligen Aufträgen wurde ich dann bei meiner eigentlichen Aufgabe unterbrochen oder aus Terminen geholt.. In anderen Fällen wurde die Ware liegen gelassen und der Lieferverzug stellte sich ein, nur weil ich es zeitlich nicht schaffte, über die Fertigstellung zu schauen. Bei steigender Mitarbeiter- und Auftragszahl war dies nicht mehr möglich. Zuerst schon. Dann dreht sich dein Hamsterrad ein bisschen schneller. Schneller und schneller, bis du irgendwann einsiehst: Du musst vertrauen und abgeben. In einem vorhergehenden Kapitel habe ich bereits darüber geschrieben, dass es in diesem Fall zu kurzfristigen Einbrüchen der Qualität kommen kann. Natürlich bist du jetzt bestrebt, diese Qualität aufrechtzuerhalten und möglichst jeden Fehler, der eintreffen könnte, vorherzusehen. Die eingesparte Zeit verbringst du damit, dir Gedanken zu machen, was als nächstes passieren KÖNNTE. Glaube mir: Es passieren genau diese Sachen und weitere, an die du so nie gedacht hättest. Aber was willst du machen? Wenn du jetzt anfängst, für alle mitzudenken, wird dein Kopf platzen. Die schlimmste meiner Maßnahmen war es, für die Kollegen mitzudenken und ihnen die möglichen Fehler zu prophezeien. Du kannst dabei nur demotivieren. Entweder die Fehler treten genau deshalb ein und dein Satz "Ich habs euch doch gesagt" demotiviert alle. Noch schlimmer ist es, wenn deine Mitarbeiter dich zwischenzeitlich fachlich überholt haben, was ich dir übrigens wünsche und du dich mit deiner vorsichtigen Fehleranalyse als Idiot zu erkennen gibst. Das minimiert deine Führungsqualität und beim Verlassen des Raumes werden sie sagen: „Na, der hat doch keine Ahnung mehr von der Praxis" – oder ähnliche Floskeln. Ja, liebe Mitarbeiter, solltet ihr dieses Buch lesen: Glaubt nur nicht, die Chefs checken das nicht, wenn sie sich blamieren. Aus diesem Grund versuche ich, die Rahmenbedingungen zu schaffen, Leitplanken vorzugeben, in denen sich die Mitarbeiter bewegen können und lasse auch Fehler zu. Ich bin davon überzeugt, dass jeder vor allem aus den Misserfolgen lernt und neue Erkenntnisse ableitet. Aus diesem Grund gibt es auch keine Chefaudienz, wenn einmal ein Fehler passiert. Unsere Mitarbeiter begreifen schon selbst, wenn sie einen Fehler gemacht haben und dokumentieren diesen. Danach wird darüber gesprochen, wie man diesen zukünftig vermeiden kann. Beim Abteilungsleiter oder Chef muss nur derjenige antreten, der bewusst gegen Arbeitsanweisungen verstößt oder wiederholt den gleichen Fehler macht. Bei einem meiner Coachingkunden hatte ich einmal die Situation, dass sich der Firmeninhaber bei mir über seine Mitarbeiter beschwert hatte. Ein Fehler ist zwar nicht wiederholt, dafür aber fast von jedem Angestellten einmal gemacht worden. Wenn das passiert, musst du den Prozess oder die Verfahrensanweisung prüfen und gegebenenfalls anpassen. In dem Fall liegt es vermutlich eher am Prozess als an den Teammitgliedern.

Sollte bei uns ein Fehler zum Beispiel im Herstellungsprozess entstanden sein, muss der Verantwortliche einen kurzen Bericht ausfüllen.

Erstens benötigen wir diesen für unsere Qualitätssicherung und zweitens wollen wir damit das Bewusstsein steigern, welchen Schaden bzw. welchen finanziellen Nachteil er der Firma zugeführt hat. Dabei geht es nicht um das Vorführen des Mitarbeiters, sondern um die Vermeidung von Wiederholungsfehlern und die Selbstreflexion. Offen sprechen wir auch in den Meetings über Fehler- und Reklamationsberichte und lassen andere Kollegen teilhaben. Gemeinsam findet man oft auch Lösungen für die Beseitigung der Fehlerquellen und vermeidet, dass andere den gleichen Fauxpas noch einmal machen.

Dann gibt es noch Fehler, die nicht in Zusammenhang mit einem direkten Auftrag oder einer Warenreklamation in Verbindung gebracht werden. Wir nennen dies Neudeutsch: Fails. Einmal im Monat werden vor dem Internal-Day die Fails im Team digital abgefragt. Es handelt sich hierbei um Fails, bei denen sich vermutlich 99% der Menschen an den Kopf greifen und das eine 1% jetzt sagt: "Ach krass, das ist mir auch schon passiert." Gemeint sind Ausrutscher, wie das fehlende Motorengeräusch beim ersten Elektrofahrzeug auf unserem Hof oder die völlig missglückte Kommunikation mit einem Kunden, über die wir heute lachen. Das Team stimmt dann beim Meeting über den besten Fail ab und derjenige bekommt den Fail-Award des Monats in Form eines Zertifikats. Nicht, um den Kollegen zu diskriminieren, sondern auch anderen aufzuzeigen: Man darf auch mal einen Fehler machen. Wichtig ist, diesen zu dokumentieren, nicht zu wiederholen, sich um die Erledigung zu kümmern und Maßnahmen abzuleiten, um diesen zukünftig zu vermeiden.

Einmal habe ich auch vom Team den Fail-Award erhalten für ein missglücktes Kundengespräch. Die Situation war wie folgt.

Ein Gartengerätetechniker aus unserem Ort hatte sich einen neuen kleinen Transporter gekauft und fast täglich habe ich ihn beim Mittagessen, beim kleinen Imbiss um die Ecke, gesehen. Natürlich habe ich ihn immer wieder auf die fehlende Werbebeschriftung angesprochen. Immer und immer wieder. Eines Tages komme ich zum Imbiss und traue meinen Augen nicht. Die Werbung war am Fahrzeug und nicht von uns.

Gleich habe ich es mir angeschaut und festgestellt, dass es nicht nur faltig, sondern auch mit großen Blasen unter der Folie verklebt war. Als ich ihn fragte, wo er die Aufkleber her hatte, berichtete er von unserem Marktbegleiter, der wohl günstiger als wir war. Voller Enttäuschung über den entgangenen Auftrag und mit dem Wissen über die fehlende Kenntnis unseres Mitbewerbers ging mir der Satz über die Lippen: "Das sieht aber auch aus, als hätte das ein absoluter Nichtskönner beklebt". Darauf der Kunde mit gesenktem Haupt: "Ich habe es dort nur drucken lassen. Beklebt habe ich es selbst." – Ups. Das Fettnäpfchen war da und ich mittendrin. Dafür habe ich natürlich den Fail-Award kassiert. Heute habe ich nach wie vor ein gutes Verhältnis zu meinem Kunden und wir lachen über die Story, aber im ersten Moment war das schon unangenehm.

Was habe ich daraus gelernt:

1. Sei niemals enttäuscht über einen nicht erhaltenen Auftrag.

2. Selbst bei guten Kundenbeziehungen muss man sich gut überlegen, was man sagt.

3. Kritisiere niemals einen Marktbegleiter für seine Arbeit.

Was haben wir daraus abgeleitet:

1. Wir müssen einfach besser sein als der Marktbegleiter. Nicht zwingend günstiger. Einfach besser. Mehr Service, höhere Qualität und mehr Sichtbarkeit auf dem Markt.

2. Ein Gesprächsskript dient auch den erfahrenen Verkäufern.

3. Stelle die eigenen Vorteile stärker in Szene und spreche nicht über andere.

Du musst es schaffen, deine Firma zu vermarkten. Denn nicht deine Leistung oder deine Waren sind das Produkt, sondern deine Firma ist das Produkt. Darum vermarkte du jetzt dich und dein Team und lasse auch einmal einen Fehler zu. Du kannst nicht überall sein – dein Tag hat keine 48 Stunden.

**Wir suchen die Besten
und wir nehmen Sie alle!**

Mitarbeiter finden – online wie auch offline

Uns war klar, wir müssen und wollen wachsen. Die neue Struktur in unserem neuen Firmengebäude hatte nicht nur wesentlich mehr Kosten verursacht, sondern wir hatten auch den Anspruch, den Umsatz deutlich zu erhöhen und mussten uns entsprechend erweitern. Aber wie findet man denn die passenden Mitarbeiter für seine Vorhaben? Als Erstes müssen wir deinen negativen Glaubenssatz eliminieren, der bei den meisten heißt: „Es gibt in meiner Branche keine Mitarbeiter". Zugegeben, die Anzahl der Facharbeiter ist nicht unbedingt größer geworden, aber es gibt sie. Sie arbeiten halt nur einfach nicht für dich. Warum? Weil sie für deinen Marktbegleiter arbeiten. Zahlt er mehr als du? Hat er eine bessere Teamstimmung? Geht es ihnen dort besser? Keine Ahnung. Du wirst es nicht herausfinden und es ist auch völlig egal. Du musst einfach nur besser sein. Damit meine ich nicht, dass du mehr als er zahlen sollst. Du sollst besser sein. Attraktiver für den neuen Mitarbeiter. Mitarbeiter, die die Firma wegen einem Euro mehr Stundenlohn verlassen, werden auch dich verlassen, wenn ein anderer einen Euro mehr zahlt. Das sind Söldner. Sie bringen uns nicht voran. Sie zerstören jede Firmenkultur. Du brauchst leidenschaftliche Kollegen und keine, die dem Euro hinterherrennen. Klar ist, jeder muss von seinem Job gut leben können, aber gehe nicht davon aus, dass die Mitarbeiter wegen Geld fernbleiben. Eine unserer Studentinnen hat eine Studie an ihrer Uni begleitet, bei dem 10.000 Jobwechsler befragt wurden, warum sie die Arbeitsstelle gewechselt haben. Dabei lag das Thema

Lohn auf Platz 8 im Ranking. Platz eins konnte die Teamstimmung für sich behaupten. Weitere Platzierungen waren Aufstiegschancen, Weiterbildung, Work-Life-Balance, lange vor dem Thema Lohn. Na ist doch klar. Du verbringst mehr Lebenszeit mit deinem Team und mit deinen Kollegen als mit deinem Partner. Oft werde ich für diese Einstellung kritisiert und das Gegenteil wird behauptet. Es kann sein, dass ich völlig falsch liege. Dann stelle dir bitte jetzt die Frage: Wie viele Mitarbeiter hast du im letzten Jahr eingestellt? Wie viele Bewerbungen hast du denn überhaupt bekommen? Keine? Warum nicht? Seminarteilnehmer aus unseren Workshops beschreiben oft am Anfang, dass sie nur Mitarbeiter gewinnen können mit überdurchschnittlichen Stundenlöhnen. Sie warten dennoch vergeblich auf Bewerbungen. Das ist aus meiner Sicht aber völliger Quatsch. In keiner meiner Stellenausschreibungen habe ich je einen Stundenlohn kommuniziert. Dennoch haben wir auf die letzte Anzeige für den Azubi zum Mediengestalter 45 Bewerbungen gehabt. Klar sagen jetzt einige, das ist ein moderner Beruf, den jeder machen will. Aber das ist ja auch nicht immer so. Man sieht bei uns in der Medienbranche immer nur die vermeintlich schönen Zeiten im Büro beim Cappuccino. Aber das ist ja nicht die Regel. Leistungsdruck herrscht wie in allen Branchen der Wirtschaft. Überstunden und Wochenendarbeit durch Messen und Veranstaltungen genau wie in der Gastronomie, handwerkliche Anforderungen durch die Werbetechnik wie im klassischen Handwerk. Zu sagen, die Marketingmitarbeiter haben es einfacher, ist ein Schlag für jeden Werbetechniker ins Gesicht, wenn dieser bei fünf Grad und Nieselregen in 15 Meter Höhe auf einer Arbeitsbühne eine Fassadenwerbung entfernt oder montiert. Ich will damit sagen, dass wir mit den gleichen Herausforderungen kämpfen wie andere Branchen und dennoch Bewerber für uns gewinnen können. Aber wie gelingt das?

Meine Strategie beinhaltet eine Drei-Stufen-Taktik, die ich dir auf den nächsten Seiten vorstellen werde.

1. Du musst die Präsenz deiner Firma steigern.
2. Du musst Herz und Gesicht zeigen.
3. Du musst den Bewerberweg verkürzen.

Präsenz steigern ist der erste Schritt. Es ist nicht deine Aufgabe, dein Produkt zu vermarkten, sondern deine Firma. Nicht dein Produkt ist dein Produkt. Deine Firma ist dein Produkt. Sei doch mal ehrlich. Die meisten Unternehmen haben so viele Aufträge und Arbeit und suchen eher Mitarbeiter als neue Aufträge, vor allem im Handwerk und in der Gastronomie. Daher musst du dein Marketing so auslegen, deine Firma und vor allem dich bekannt zu machen. Neue Mitarbeiter wollen wissen, für wen sie arbeiten sollen. Reflektiere dich jetzt einmal selbst und frage, wann du dich das letzte Mal gezeigt hast. Was hast du dafür getan, deine offenen Stellen zu bewerben? Damit meine ich jetzt nicht die Stellenanzeige bei der Agentur für Arbeit. Bereits auf den letzten Seiten haben wir geklärt, dass deine neuen Mitarbeiter aktuell bei oder für jemanden anderen arbeiten. Die musst du auf dich aufmerksam machen. Potentielle Jobwechsler schauen nicht auf den Seiten der Arbeitsagenturen. Dort schauen die nach, die keine andere Option haben. Aber ganz ehrlich. Wollen wir die im Team haben? Willst du die in deiner Firma haben? Nein. Wir müssen die Facharbeiter auf uns aufmerksam machen, die Leistung bringen, die aktuell noch anderswo arbeiten und vielleicht in einer gewissen Wechselstimmung sind. Wir haben das gemacht, indem wir unser Marketing grundlegend überdacht haben. Bis 2020 haben wir überwiegend in Printwerbung investiert und haben das dann verändert. Eine neue Website wurde erstellt und auch die Jobangebote hier im Netz veröffentlicht. Bisher war das nicht der Fall. Auf meiner Firmenwebsite wirst du fortan nun immer Stellenanzeigen finden, für alle Stellen. Egal, ob ich jemanden aktuell einstellen will oder nicht. Ich suche und rekrutiere 365 Tage im Jahr. Wenn ich einen guten Mitarbeiter finde, stelle ich ihn ein. Die Arbeit kommt automatisch und er wird seinen Lohn verdienen, wenn er gut ist. Das soll jetzt nicht heißen, dass ich jeden einstelle. Ich will dir nur damit sagen, dass es sich lohnt immer präsent zu sein. Du weißt nie, wann sich ein neuer Mitarbeiter entscheidet, sich bei dir zu bewerben. Im nächsten Schritt haben wir angefangen, die Social-Media-Kanäle für die Steigerung der Sichtbarkeit zu nutzen. Eine Facebook-Seite hatte ich für die Firma bereits angelegt, aber Instagram kaum genutzt. Zunehmend habe ich mich mit dem Thema beschäftigt und erkannt: Es heißt Social Media und nicht Logo- oder Produktmedia. Wir haben begonnen, beide Social-Media-Plattformen zu nutzen und haben diesen mehr Aufmerksamkeit geschenkt. Während wir auf Facebook vor allem die Unternehmer gefunden haben, wurde ich bei Instagram vor allem auf neue Mitarbeiter für uns aufmerksam. Wir haben mehr und mehr von der Firma und vom Team gezeigt und vor allem das Logo ausgetauscht gegen ein ansprechendes Teambild. Mehrmals täglich zeigen wir in den Storys die Stimmung im Team und tägliche Arbeitsabläufe. Geplante Beiträge helfen uns, die Firma weiter vorzustellen und die Anzahl an Followern und Fans zu steigern. Wir haben damit begonnen, uns Ziele zu setzen und diese auch zu messen. Drei Beiträge pro Woche und zwei Storys pro Tag ist das Ziel. Aber wie beginnt man das und setzt es um? Hierbei ist es hilfreich, deine Zielgruppe zu kennen. Wen willst du denn überhaupt ansprechen und wie, also mit welchem Content? Als Content bezeichnet man den Inhalt der Social-Media-Kanäle, den man veröffentlicht. Wir haben also angefangen, einen Contentplan zu erstellen. Diesen kannst du dir vorstellen wie einen Wochenplan, bei dem geregelt ist, welcher Beitrag wann kommt und mit welchem Inhalt. So kann zum Beispiel mittwochs ein Kollege aus dem Team vorgestellt werden. Montags starten wir mit einem Bild aus der Produktion und freitags gibt es ein Produktbild oder einen Expertentipp. Der vorgeschriebene Plan hilft dir, Stress aus dem Alltag zu nehmen, bei dem du dir täglich überlegen musst: "Was soll ich denn heute für einen Beitrag bringen?" Nutze auch einfache Feier- oder Thementage, um dazu entsprechend einen Beitrag einzuplanen und einzustellen. Muttertag, Vatertag, Weihnachten oder Ostern sind dabei die einfachsten Möglichkeiten seine Fans anzusprechen. Sicher gibt es auch in deiner Branche Thementage, auf die du aufmerksam machen kannst und sie zum Anlass nehmen kannst, Content zu kreieren. Facebook und Instagram kannst du verknüpfen und sparst somit den Aufwand, es auf beiden Portalen einstellen zu müssen. Mit den entsprechenden Softwareprodukten kannst du den Beitrag vorplanen und die Veröffentlichung automatisch einstellen. Lasse diese Aufgabe von einem Mitarbeiter erledigen oder lagere sie aus. Wir haben bei Täubert-Design inzwischen ein Team ausgebildet, das diese Aufgaben für unsere Kunden übernimmt. Wie das funktioniert, erfährst du in einem Strategiegespräch mit unseren Kundenbegeisterern. Einige Coaches und Berater empfehlen, das Social-Media-Thema in der eigenen Firma zu belassen und nicht extern auszulagern. Diese Auffassung teile ich nicht und sage dir auch warum. Die meisten Unternehmer machen aus meiner Sicht den Fehler, sich selbst 100%ig um den Social-Media-Auftritt zu kümmern. Klar sollte Marketing Chefsache sein, aber das heißt nicht, dass du die Teilaufgabe Social Media nicht delegieren kannst. Wie war es bei mir am Anfang? Ich habe begonnen, mir Gedanken über den Inhalt der Post zu machen, habe diese erzeugt und nicht nur gepostet, sondern auch fotografiert und gestaltet. Es hat mir Spaß gemacht und ich habe den Zeitaufwand völlig unterschätzt. Einige Wochen habe ich drei Beiträge pro Woche geschrieben und damit die Sichtbarkeit meiner Firma gesteigert. Doch dann kam der Einbruch. Es war eine Woche vor dem geplanten 14-tägigen Urlaub und zahlreiche ToDos standen noch auf meiner Liste vor dem Urlaubsbeginn. In dieser Woche habe ich keinen einzigen Beitrag gemacht, weil ich schlicht ergreifend andere Aufgaben priorisiert habe. Dann kamen die beiden Wochen Urlaub, in dem kein Post die Plattformen erreichte und nach dem Urlaub, du kennst es, ist ein Haufen mit ToDos entstanden und hat einen nicht mal annähernd an Social Media denken lassen. Das heißt, die Woche nach dem Urlaub ging wieder kein Beitrag online. Rechnen wir jetzt zusammen, werden wir feststellen, dass insgesamt 4 Wochen keine Präsenz im Social-Media-Marketing für meine Firma vorhanden war. Der nächste Post von mir hatte eine unglaublich schlechte Reichweite. Woher wusste ich das? Du hast die Möglichkeit, die sogenannten Insights anzuschauen und hier auszuwerten, wie viele Menschen deinen Beitrag sehen und damit interagieren. Gemeint sind damit das Teilen von Beiträgen oder auch das Kommentieren oder Liken. Aber warum war der neue Beitrag zu wenig gesehen. Der Algorithmus hat mich bestraft für meine Inaktivität. Dieser bewertet auf den Kanälen deine Aktivität und viele andere Faktoren und legt fest, welche Beiträge wie ausgestrahlt werden. Du kannst also nicht davon ausgehen, dass selbst wenn du 1.000 Follower hast, alle deine Posts sehen. Prüfe daher genau und regelmäßig deine Insights und passe dein Verhalten entsprechend an. Da sich auch der Algorithmus von Facebook und Co. immer wieder ändert, kann ich dir aus aktueller Sicht nur folgende Tipps geben, die mir geholfen haben, mehr Follower und Fans zu bekommen.

1. Poste regelmäßig und beachte die Zeiten deiner Zielgruppe.
2. Veröffentliche Inhalte, die deine Zielgruppe ansprechen und schaffe wertvollen Content.
3. Animiere deine Follower, deine Beiträge zu speichern und damit zu interagieren.

Im Nachgang dieser Auswertung habe ich überlegt, ob es überhaupt sinnvoll ist, diesen Aufwand ins Social-Media-Marketing zu stecken. Hinzu kam, dass mir die Ideen ausgegangen sind und ich nicht mehr wusste, was ich veröffentlichen sollte. Außerdem entstand die Kritik an mir selbst und Zweifel: "Will das überhaupt irgendjemand sehen?" Meine Motivation für das Thema war am Tiefpunkt und ich dachte darüber nach, es sein zu lassen. In dieser Phase hatte ich einen Coach, der mich ermunterte weiterzumachen, mich antrieb und an meine Ziele erinnerte. Ich habe mich also überwunden, weiter Gas zu geben und habe ein System dazu entwickelt. Zunächst habe ich einen Jahresplan erstellt mit Tagen, die zu meiner Zielgruppe passen. Dann eine Mitarbeiterin begeistert, die Beiträge zu erstellen und habe das regelmäßige Posten der Software überlassen, mit der ich zielgerichtet bestimmen kann, welche Beiträge wann online gehen. In einer WhatsApp-Gruppe habe ich die Kollegen dazu begeistert, die im Tagesgeschäft tolle Projekte erlebten und motivierte diese, ihre Fotos dorthin zu senden. Unsere neu ernannte Social-Media-Managerin, den Job und die Aufgabe gab es bis dato noch gar nicht, nimmt seitdem die Fotos und Infos aus der WhatsApp-Gruppe und verwandelt sie in Beiträge. Die Mitarbeiter motivieren sich jetzt, gegenseitig ihre Referenzen zu schicken und diese zu zeigen. Der Vorteil: Keiner von ihnen braucht Kenntnisse darüber, wie man einen Social-Media-Beitrag erstellt. Es reicht, ein schönes Foto oder Video zu machen und die Motivation, daran zu denken. So haben wir eine riesige Auswahl an Bildmaterial erhalten, mit der wir die nächsten Wochen arbeiten können. Dieser Pool an sehenswerten Referenzen füllt sich immer mehr und mehr. Dabei ist es völlig egal, ob man das Bild von einer Beschriftung oder einer schönen Drucksache heute oder nächste Woche veröffentlicht. Tagesaktuelle Bilder und Videos mit Bezug auf das aktuelle Datum werden dann als Story, diese verschwindet nach 24 Stunden wieder, gepostet. Ich selbst mache seitdem nur noch Storys, wenn ich eine coole Aktion sehe oder Lust dazu habe. Alles andere ist automatisiert und wird von meinem Team übernommen. Oftmals verwende ich die Beiträge und Storys und stelle diese auch in den Status von WhatsApp, um dort die zu erreichen, die nicht bei Facebook aktiv sind. Inzwischen sehen es dort bei mir über 600 Menschen pro Tag. Kombiniert habe ich die Onlinepräsenz auch mit Offline-Aktionen, um auf uns aufmerksam zu machen. Unsere kleine Fahrzeugflotte haben wir umgestaltet und ihr ein neues jugendliches Design verpasst. Zugegeben, im ersten Moment war es für mich etwas ungewohnt, aber bei den jungen Leuten kam es an und zog die Blicke auf uns. Meine Mitarbeiter haben angeboten, ihre privaten PKWs zu beschriften und ich habe diesen Einsatz mit einem Tankgutschein belohnt. Dazu habe ich einen Linienbus unseres ÖPNVs mit unserer Werbung bekleben lassen und so ziemlich an jeder Ecke unserer Stadt Schilder mit unserer Werbung montiert. Nach der entsprechenden Genehmigung und Kooperation haben wir sogar Strom- und Telekomkästen mit unserem Logo beschriftet.

Du brauchst eine Omnipräsenz um neue Kunden zu gewinnen. Hoffnung ist kein Marketingplan.

Wir haben ein eigenes Kundenmagazin "Täubi-News" erstellt, gedruckt und in der ganzen Stadt und im Landkreis verteilt. Unsere Mitarbeiter sind alle mit ausreichend Firmenkleidung ausgestattet und das neue moderne Logo hat auch viele inspiriert, diese Kleidung auch in der Freizeit zu tragen. Caps mit 3D Stick sind entstanden und von Sonnenbrille bis Trinkflasche eigentlich so ziemlich alles, was man sich als sogenanntes Merchandise vorstellen kann. In der Ideenfabrik ist dann sogar ein Fitness-Outfit entstanden, das unsere Mitarbeiter im Fitnessstudio tragen dürfen. Denn ich hatte allen angeboten, das örtliche Fitness-Abo zu bezahlen. Natürlich fällt mein Team dort auf, wird von anderen Sportlern angesprochen und man unterhält sich auch über den Job und das Umfeld bei Täubert-Design. Vor allem unser Werbetechnik-Team fällt durch die ausgeflippte Art auf, wenn sie auf Montage von Schildern und Beschriftungen fahren. Erstens durch die Arbeitskleidung und die farbig beschrifteten Autos und zweitens haben sie nicht selten eine große Arbeitsbühne dabei, die für Aufsehen sorgt. Die Truppe fällt überall auf, wenn sie ihre eigenwillige moderne Musik aufdreht. Diesen Effekt wollte ich noch verstärken und habe mir etwas überlegt. Ich habe den Jungs und Mädels eine Bluetooth-Bassbox gekauft und sie animiert, so richtig Gas zu geben. Dann habe ich Türanhänger hergestellt mit der Aufschrift: "Sorry für die Störung, das Täubi-Team ist in der Nachbarschaft und sorgt bei den Unternehmen für mehr Sichtbarkeit". Dazu habe ich kleine Tüten mit Keksen und Gummitieren mit unserem Logo bedruckt und als Entschuldigung an die Türanhänger tackern lassen. Diese werden dann nach Eintreffen am Montageort an alle umliegenden Haustüren gehängt und die Box so richtig aufgedreht. Gab es bisher eine Beschwerde? Nie! Never! Ganz im Gegenteil.

Die Leute bedanken sich für das Goodie und schauen den Kollegen über die Schultern. Bei uns gilt 5 x A: Auffallend anders als alle anderen. Natürlich macht das Verklebeteam von diesen Aktionen Fotos und postet das auf Social Media, am liebsten natürlich bei der Aktion oder mit dem zufriedenen Kunden oder Nachbarn. Wichtig ist dabei: Gesicht und Herz zeigen, was mich gleich zum Punkt zwei meiner Strategie führt.

[Türanhänger mit
kleiner Nervennahrung]

Zeige die Momente, warum man bei dir und für dich arbeiten sollte. Auf den letzten Seiten hatte ich dir bereits berichtet, dass Jobwechsler vor allem wegen des Teamumfelds und wegen dir als Führungskraft die Firma verlassen oder dorthin kommen. Darum musst du Impulse geben, warum es sich lohnt, bei dir zu arbeiten. Zeige die schönen Situationen bei dir und in deinem Umfeld. Ich nenne sie immer die Magic Moments, also die Momente, wo einem das Herz aufgeht und man denkt: „Hey, das war aber lieb!" Jede Übergabe unserer Mitarbeitercocktails oder auch jedes Jubiläum feiern wir und zeigen es. Wenn neue Mitarbeiter bei uns im Team anfangen, rollen wir am ersten Arbeitstag den roten Teppich aus und begrüßen sie mit unserer Firmenhymne. Natürlich ist ein Videograf dabei und hält diesen Augenblick in Bild und Ton fest und postet ihn anschließend. Jedes Firmenevent und jeder Anlass wird gezeigt, um anderen zu zeigen, was für ein cooles Team wir sind. Das können auch kleine Highlights wie der Geburtstagsglückwunsch eines Kollegen sein oder auch mal, wenn du als Chef eine Runde Eis springen lässt. Ist das Standard bei dir in der Firma? Keine Ahnung, aber frage dich doch mal selbst, wann du den letzten Magic Moment geschaffen hast. Wenn es lange her ist, dann mache wieder mal einen. Wenn es erst kürzlich war, checke jetzt dein Facebook-Profil, ob du diesen gezeigt hast. Wenn nicht, hole beides nach. Zeige dabei vor allem die positiven Eindrücke und die Freude strahlenden Gesichter und vor allem: Zeige dich! Bewerber und Mitarbeiter kommen wegen dir und gehen wegen dir. Wenn du anfängst, dich mehr zu zeigen, wirst du die anziehen, die dich gut finden und die verprellen, die dich nicht mögen. Und das ist auch gut so. Das wirkt wie ein – sorry für das vulgäre Wort – Idiotenfilter. Menschen, die dich nicht gut finden, werden sich nicht bei dir bewerben. Das erspart dir jede Menge Ärger und verkürzt den Auswahlprozess. Bei mir war das ziemlich schnell der Fall. Bei steigender Präsenz der Firma und meiner Person kamen mit den Fans auch die Neider und Hater. "Wer um Himmels willen will bei dem fetten Sack denn arbeiten?", stand unter einem Facebookbeitrag als Kommentar. Das kann im ersten Moment ganz schön weh tun. Es schafft aber auch die Klarheit, dass du mit dem Follower als Bewerber nicht rechnen brauchst. In diesem Fall kein Verlust. Gerne darfst du dankbar sein, diesen Typen nicht zum Gespräch eingeladen und die Zeit dafür gespart zu haben. Du wirst zwangsläufig jene anziehen, die dich mögen und genau deshalb für dich arbeiten wollen. Erwarte aber nicht, dass deine Mitarbeiter das Handy nehmen und selbstständig in die Kamera lächeln. Du musst es vormachen.

Mehrmals täglich habe ich Bilder von mir als Selfie gemacht und in den Storys gepostet. Zuerst Bilder, dann Boomerangs und später habe ich dann begonnen Videos zu machen. Kennst du die ersten Selfievideos von mir? Natürlich nicht, da ich diese gelöscht habe. Das erste Video, bei dem ich in die Kamera gesprochen habe, wurde etwa 50 Mal von mir aufgezeichnet, angeschaut und gelöscht. Wieder aufgezeichnet und wieder gelöscht. Solange, bis es nicht mehr authentisch und dennoch nicht perfekt war und ich es sein ließ. Den nächsten Tag habe ich es wieder probiert. Das war eine Herausforderung für mich. Mich selbst zu hören und dann noch zu posten. Einfach schrecklich. Bis ich von meinem heutigen Business-Buddy Sarah dazu gezwungen wurde: "Du machst jetzt jeden Tag diese Woche eine Story und ich kontrolliere das!", sagte sie. In der Umsetzung liegt der Erfolg habe ich gelernt und los ging es. Also habe ich jeden Tag eine neue Story aufgenommen und dann nicht angehört, sondern direkt gepostet. Das war für mich der Gamechanger. Du darfst dir deine Aufnahme nicht noch einmal anschauen. Aufnehmen und raus damit. Die ersten Reaktionen kamen und viele haben geschrieben: "Respekt, coole Sache, klasse Meinung, super Typ" und haben mich bestärkt. Bis zu dem Punkt, als mich mein bester Kumpel und Trauzeuge anrief. "Micha, du machst dich zum Affen, die ganze Stadt redet schon über dich, das ist einfach zu viel, was du machst!" Erinnere dich, dass wir das in einem vorhergehenden Kapitel dieses Buches schon einmal gehört haben. Ich mache mich zum Affen? Echt? Mögen mich die Leute nicht mehr? Alle reden über mich? Was denn? So viele Fragen haben mich total verunsichert. Heute würde ich sagen: "Geil, die ganze Stadt spricht über uns!" Aber damals war mein

Mindset zu schwach, um das zu ertragen. Es hat sich total unangenehm angefühlt und ich war schon dabei, die Storys wieder zu löschen oder die Präsenz nach unten zu fahren. In dieser Unsicherheit habe ich meinen Business-Buddy Sarah angerufen und sie hatte bereits auf den Anruf gewartet. Ziemlich schnell haben wir ein Zoom-Meeting gemacht und sie hat einen Umschlag aus der Schublade geholt, den sie wohl vorher dort abgelegt hatte. Auf diesem stand mein Name drauf. "Ist das dein Umschlag?", fragte sie mich. Keine Ahnung. Ich hatte ihn vorher noch nie gesehen, aber es stand mein Name drauf. "Vermutlich schon!", antwortete ich und sie öffnete ihn. Sie hielt den Zettel aus dem Umschlag in die Kamera auf dem Stand: "Dein schärfster Kritiker wird dein bester Freund sein – mach weiter!". Das war ein Gänsehautmoment für mich und mir ist es eiskalt den Rücken herunter gelaufen. Woher wusste sie das? Ganz einfach, es ist immer so. Aber warum? Die Lösung ist so banal und einfach. Jeder von uns befindet sich in einer gewissen Komfortzone. Du machst deinen Job und hast dich für dein Umfeld entschieden. Irgendwann kommt der Moment und der Impuls der Veränderung. Vielleicht beschäftigst du dich mit Persönlichkeitsentwicklung, veränderst deine Gedanken oder dein Umfeld oder liest ein Buch wie dieses. Egal. Es wird einen Moment der Veränderung geben und du wirst diese Komfortzone verlassen, um in die Wachstumszone zu kommen. Aber der Weg dorthin ist steinig. Erst kommt die Angstzone und dann die Lernzone und zwischen den Zonen warten große Hürden und Prüfungen auf dich. Nachdem du in der Angstzone angekommen bist, wirst du Zweifel haben, ob das alles richtig ist, was du machst. Du wirst dir unsicher sein und immer wieder hinterfragen. Genau in dieser Phase wird es jemanden geben, der dich in diesem Zweifel bestärkt. "Wachstum bringt doch nichts!", "Bleib lieber so klein wie du bist!" oder "Du machst dich zum Affen!" Das Schlimme ist: Diese Sprüche kommen meistens aus dem direkten Umfeld. Von Menschen, die dich eigentlich mögen oder sogar lieben. Aber warum ist das so? Gerade die engsten Freunde spüren diese Veränderung am ehesten und haben Angst, dass du dich wegentwickelst. Weg von ihnen. Sie werden das Gefühl haben, dass sie nicht gut genug für dich sind und wollen dich lieber klein halten. Sie meinen es nicht böse, aber hindern dich an deiner Entwicklung. Genau das musst du überstehen und musst es durchziehen. Du musst dich sprichwörtlich mit dem Hintern darauf setzen und es durchziehen. Ich will jetzt nicht damit sagen, dass du nicht mehr auf die gut gemeinten Hinweise deiner Freunde hören sollst. Lediglich dir den Impuls geben, die Sinnhaftigkeit in dieser Phase zu hinterfragen. Oftmals kommen diese Kritiken genau von denen, die selbst nicht in der Lage sind, diesen Weg zu gehen. Die sich selbst nicht trauen, es aber gerne tun würden. Wenn du immer und immer wieder diese Phase überwindest und es durchziehst, dann wirst du ziemlich bald in die Lernphase kommen. Das ist dann die Phase, wo du dich damit beschäftigst, evtl. deine Ausrüstung zu verbessern oder einen Workshop besuchst, um neue Fähigkeiten zu dem Thema zu erlernen. Immer und immer leichter fällt es dir, es umzusetzen und die Videos werden nur noch einmal aufgezeichnet und gepostet. Du wirst Fähigkeiten entwickeln, selbst Videos zu schneiden und der Aufwand wird sich total minimieren, weil es dir von mal zu mal leichter fällt und schneller umgesetzt wird. Dann bist du in der Wachstumsphase und wenn dich der erste fragt: "Hey, wie machst du das eigentlich?" Dann bist du dort angekommen, wo du hin willst. Aber der Weg dorthin ist steinig und anstrengend. Er riecht nach Schweiß und es wird sicher die eine oder andere Träne fließen.

Was ist mein Tipp dazu, diesen Weg zu meistern?

1. Suche dir einen Mentor oder einen Business-Buddy, der dich motiviert und kontrolliert.
2. Setze dir klare Ziele, was du bis wann erreicht haben willst.
3. Kontrolliere genau, ob die Kritik an dir berechtigt ist.

Nachdem du jetzt die Präsenz von dir und deiner Firma gesteigert hast und täglich die Magic Moments zeigst, ist der dritte Schritt meiner Strategie gefragt. Du musst es schaffen, den Bewerberweg zu verkürzen. Was meine ich damit? Die meisten Unternehmen haben Stellenanzeigen in den verschiedenen Portalen und auf der Website online und erwarten, dass sich der Jobwechsler mit einem Anschreiben, einem Lebenslauf und den entsprechenden Arbeitszeugnissen bewirbt. Ja, aber mal ganz ehrlich: Ist das noch zeitgemäß? Interessiert dich nach 10-15 Jahren Berufserfahrung deiner Fachkraft noch das Abschlusszeugnis der Schule oder die Gesellenprüfung? Ich glaube nicht. Jetzt versetze dich mal in die Lage, du müsstest heute einen Lebenslauf schreiben. Wenn mich heute jemand dazu auffordern würde, dann müsste ich erst einmal überlegen, wie so etwas aussieht, wie man den schreibt und die einzelnen Etappen meines Lebens zusammentragen. Ganz schön aufwendig. Nicht weniger aufwendig ist es für den Bewerber, den du vielleicht suchst. Außerdem kommt noch dazu, dass er eine Hürde hat, das alles ordentlich am PC zu schreiben und dann zu verfassen. Ich bin der Meinung, viele Angestellte ertragen lieber den aktuellen Job als sich die Mühe zu machen, sich zu bewerben oder gar einen Lebenslauf zu schreiben. Aus Gesprächen mit vielen Arbeitnehmern habe ich erfahren, dass die Quote der Verweigerung zum Jobwechsel bei lebenserfahrenen Menschen eher noch zunimmt. Ich will damit sagen: Je älter der Mitarbeiter ist, desto schwerer wird es für ihn, den Job zu wechseln. Aber warum? Weil die Hürden vermeintlich zu hoch sind. Daher eliminiere die Barrieren und mache es leicht für den Interessenten. Bei uns kann man sich direkt per Smartphone bewerben. Eine E-Mail, WhatsApp oder eine Online-Bewerbung reicht aus. Bei unseren Stellenanzeigen in Social Media können sich die neuen Mitarbeiter direkt über die Plattformen bewerben. Wie funktioniert das? Ein zukünftiger Mitarbeiter folgt uns und durch die tägliche Präsenz tauchen wir jeden Tag im Storyverlauf bei Instagram oder Facebook auf. Er sieht die Magic Moments und die tolle Atmosphäre bei uns im Team. Irgendwann kommt der Moment, bei dem bei ihm die Motivation zum Wechsel eintritt. Das kann eine Enttäuschung im Job oder eine ungerechte Behandlung sein. Was auch immer. Der Impuls ist da. Dann erscheint eine Stellenanzeige von uns auf den Social-Media-Plattformen. Der Bewerber kennt uns bereits. Er kennt das Unternehmen, den Chef und die Vorteile, warum er bei uns anfangen sollte. Unter dieser Anzeige erscheint der Button "Jetzt bewerben". Er bekommt drei Fragen gestellt:

1. Wie heißt du?
2. Wie bist du am besten zu erreichen?
3. Hast du einen Führerschein?

Diese drei Fragen sind schnell ausgefüllt. Das kann am Frühstückstisch, in der Pause oder auf der Toilette erfolgen. Also immer dann, wenn der Nutzer sein Handy in der Hand hält. Die Bewerbung kommt dann direkt bei uns an. Jetzt kontaktieren wir ihn in kürzester Zeit, am liebsten mit einem Anruf. Viele Bewerber sind überrascht, wie schnell das geht. Dahinter steht natürlich ein System. Sofort nach dem Klick auf den "Abschicken" Button geht die Bewerbung bei uns ein und wird in unserer Software verarbeitet. Ein freier Mitarbeiter, der für das Thema ausgebildet ist, bekommt eine Meldung auf seinen Rechner und ruft den Bewerber an. Ein Telefonskript hilft ihm bei diesem Anruf und führt ihn durch eine kleine Anzahl von Fragen. Wir nennen das Telefonscreening. Am Ende des kurzen Gespräches kann unser Mitarbeiter entscheiden, ob der Bewerber zum Gespräch eingeladen werden sollte oder nicht. In der Regel ist das der Fall und wir beschreiben dem Bewerber die nächsten Schritte. Er bekommt eine Mail mit der Aufforderung zum Persönlichkeitstest und dem Hinweis, sich einen Termin für ein Vorstellungsgespräch zu buchen. In keiner Phase des Bewerbungsprozesses ist ein Lebenslauf, ein Anschreiben oder Ähnliches notwendig. Das würde eine viel zu große Hürde darstellen. Der Bewerber hat in der Mail die Möglichkeit, sich den Termin bei uns selbst zu buchen. Fast jeder, der sich bei uns bewirbt, ist in einer festen Anstellung. So ziemlich jeder Termin, den wir vorschlagen, passt nicht. Entweder ist er bei seinem aktuellen Arbeitgeber arbeiten oder er hat private Verpflichtungen wie das Kind zum Sport fahren etc. Daher kann sich der Bewerber bei uns den Termin buchen. Einen Termin, der sich mit seinem aktuellen Zeitplan am besten vereinbaren lässt. Dazu haben wir ein System eingerichtet und verschiedene Termine am Morgen und nachmittags für die Bewerber freigegeben. Uns spart es auch einen wahnsinnigen Abstimmungsaufwand. Zeit, die man wieder in wichtige Dinge investieren kann.

Aber warum der Persönlichkeitstest? Wir haben festgestellt, dass es nicht die falschen Mitarbeiter, sondern nur die falschen Typen für die falschen Aufgaben gibt und wir diese oftmals falsch eingestellt oder besetzt haben. Ich will dir ein Beispiel nennen: Bei uns in der Firma sind sehr viele kreative Menschen unterwegs. Diese ziehen natürlich ähnliche an. Die Teams, vor allem in der Grafik, sind voller Individualisten und Freigeister. Das ist gut und braucht es auch, um kreativ neue Werbeformen zu entwickeln. Wenn du so einen bei dir in der Buchhaltung hast, bekommst du Stress. Erst zwischen euch beiden, dann mit dem Finanzamt. An dieser Stelle brauchst du einen, der geradlinig Anweisungen ausführt und den Cent in der Buchhaltung findet. Wenn du an dieser Stelle einen Kreativen hast, drehst du durch. Der wird tausend tolle Begründungen liefern, warum es nicht notwendig ist, Fehler zu finden, als die Zeit zu investieren, die Zahlen in Ordnung zu bringen. Hast du wiederum diesen mit Scheuklappen behangenen Mitarbeiter im Grafikteam, dann sieht jeder Entwurf gleich aus. Ein anderes Beispiel ist im Vertrieb. Es gibt introvertierte Menschen, für die ist es die größte Strafe, wenn sie mit Fremden telefonieren müssen. Andere machen das mit Leidenschaft und sie verkaufen einem Eskimo einen Kühlschrank. Du weißt, was ich meine. Du brauchst den richtigen Mitarbeiter auf der richtigen Stelle. Aber wie bekommst du diese raus, bevor sie bei dir anfangen? Mit einem Persönlichkeitstest. Jetzt bin ich absolut kein Fan von irgendwelchem Hokuspokus und war immer skeptisch, aber ich kann sagen: Es funktioniert: Unsere Bewerber machen den Test, der etwa 12 Minuten dauert und ich weiß noch vor dem Gespräch, welcher Typ Mensch er ist. Ich möchte das noch mal mit aller Deutlichkeit sagen: Es gibt dabei keine falschen Typen. Es gibt nur den Typen auf der falschen Stelle. Das ist genau deine Aufgabe als Entscheider, herauszufinden, wer auf welche Stelle und in welches Team passt. In unseren Teams sind fast alle Mitarbeiter mit ähnlichen Persönlichkeitstypen.

Daher ist die Harmonie auch spürbar und die Teams passen super zusammen. Dennoch kann so ein Test nie das persönliche Gespräch ersetzen und ich empfehle grundsätzlich jeden Bewerber einzuladen. Man wird ja nicht dümmer davon. Man lernt immer neue Menschen kennen, verbessert seine Rhetorik und lernt auch, die Gespräche in einer anderen Qualität zu führen. Meine Vorstellungsgespräche haben immer das gleiche Muster. Der Bewerber kommt und bekommt von mir 12 Fragen gestellt. Diese sind immer gleich und ich dokumentiere die Antworten natürlich digital während des Gesprächs. Ich muss zugeben, dass ich die meisten Bewerber oder Unterlagen vor dem Gespräch nicht gesehen habe. Warum auch? Was macht es für einen Unterschied? Ich lerne die Menschen kennen und entscheide relativ schnell, ob sie ins Team passen oder nicht. Die Fragen helfen mir, die Bewerber unterscheidbar zu machen und bringen ein gewisses System für mich. Eine Frage dabei lautet zum Beispiel: "Sage mir mal etwas, was nicht in deinem Lebenslauf steht, mir aber hilft dich von anderen zu unterscheiden!". Warum mache ich das? Ich habe doch eh keinen Lebenslauf und kann es nicht nachprüfen. Aber eine gute Story vom Bewerber hilft mir, mich noch an ihn zu erinnern, selbst wenn er zur Tür raus ist. Auf der letzten offenen Stelle für den Azubi zum Mediengestalter hatten wir vier Dutzend Bewerbungen. Glaube nur nicht, dass ich mir alles durchlesen könnte und erst recht nicht, mich an alle zu erinnern. Da muss schon eine gute Story her, um in Erinnerung zu bleiben. "Ich bin kreativ und teamfähig", wenn ich so etwas höre, gehen bei mir die Klappen runter. Hey, das erzählt doch jeder. Das ist, als wenn der Arbeitgeber in der Stellenbeschreibung schreibt: "Traditionsreiches, familiengeführtes Unternehmen", das interessiert keinen mehr. Schön für die Tradition, aber heute zählen andere Werte. Wer ist im Team, wie kann ich mich hier verwirklichen, was habe ich davon? Das sind die Fragen, die die aktuellen Bewerber beschäftigen und nicht, ob dein Opa das Unternehmen mal gegründet hat. Das ist für dich wichtig, aber nicht für deine Bewerber. Sorry, das klingt jetzt vielleicht hart, aber das entspricht der Realität. Nachdem ich den Bewerbern meine Fragen gestellt habe, gebe ich ihnen die Chance, fünf Fragen an mich zu stellen, die ich dann im Block beantworte. Natürlich schreibe ich diese Fragen auf, um noch zu wissen, welche er gestellt hat. Genau diese Fragen entlarven dein Gegenüber.

Wenn er Fragen stellt wie:

» Wie viel Urlaub bekomme ich?
» Werden Überstunden bezahlt?
» Muss ich am Wochenende arbeiten?

kannst du dir sicher sein, dir den nächsten Söldner ins Team zu holen. Wenn du diese Art Mitarbeiter einstellst, brauchst du dich nicht zu wundern, wenn dieser Dienst nach Vorschrift macht und zwei Minuten vor Dienstende noch mal auf Toilette geht, um pünktlich mit Jacke zum Feierabend an der Stechuhr zu stehen.

Stellt jedoch der Bewerber Fragen wie:

» Wie ist denn mein Team, in dem ich arbeite?
» Wie kann ich mich hier in der Firma einbringen und weiterentwickeln?
» Kann ich nach einer erfolgreichen Einarbeitung
   Verantwortung übernehmen?

Bingo! Wenn solche Fragen kommen: Stell ihn oder sie ein.

Ich will damit nicht sagen, dass die Frage nach dem Lohn und Urlaub nicht kommen darf oder das ein Ausschlusskriterium ist. Dennoch solltest du darauf achten, in welcher Reihenfolge diese kommen und das bewerten. Natürlich funktioniert das alles nur, wenn du eine gewisse Auswahl an Bewerbern hast. Wenn du froh darüber bist, eine Bewerbung zu haben, dann kannst du dir das alles sparen. Darum ist es deine Aufgabe, jetzt ins Marketing zu gehen und deine Firma bekannt zu machen. Alle nachfolgenden Schritte wie Einstellung, eine gute Einarbeitung und ein leistungsstarker Mitarbeiter werden dazu führen, dass du mehr Freizeit hast und nur darum geht es mir in diesem Buch. Es liegt jedoch an dir, wie du die Sache angehst und wann du damit startest, dich zu vermarkten. Wichtig dabei ist: Fange an und gebe zwischendurch nicht auf. Ich habe dir beschrieben, wie schnell das gehen kann. Also los!

Nach einem erfolgreichen Bewerbungsgespräch vereinbare ich direkt ein 3-tägiges Probearbeiten. Wenn das erfolgreich läuft, folgt zeitnah die Einstellung. Wir entscheiden schnell und sehr, sehr offen. Ich kommuniziere aber auch direkt im ersten Gespräch, dass wir die Probezeit auch als solche nutzen. Ich will damit sagen, dass wir am Ende der Probezeit einen ganz klaren Strich unter die Leistung ziehen. Entspricht der Mitarbeiter der Leistung, die wir erwarten, bekommt er seinen Cocktail und ist Mitglied der Täubis. Entspricht er nicht den Erwartungen, muss er wieder gehen.

Bewerberanzahl erhöhen – Trenne Zufall von Erfolg

Im letzten Absatz habe ich davon geschrieben, dass diese Strategie natürlich nur aufgeht, wenn du eine gewisse Anzahl an Bewerbern hast. Wenn du nicht die Auswahl hast, wirst du zwangsläufig jeden einstellen, nur um die Stelle zu besetzen, wenn der Kunde mit Auftrag droht und die Abarbeitung der offenen Aufgaben im Vordergrund steht. Daher muss es dir gelingen, die Bewerberzahl zu erhöhen und vor allem eine Pipeline und einen Talentpool aufzubauen. Ach Herrje, von was spricht er denn jetzt? Als Talentpool bezeichne ich die Bewerber, die ich gut finde, aber aktuell nicht einstellen will oder kann. Mit diesen vereinbare ich nach dem Gespräch die nächsten Schritte. Ich verschiebe die digitale Bewerbungsakte in meinen Talentpool und entscheide erneut über die Einstellung, ob ich eine weitere Stelle schaffe oder eine frei wird. Automatisiert geht beim Verschieben der Akte ein Auftrag an mein Backoffice, dem Talent eine Täubi-Box zu senden. Diese bekommt der Bewerber nach Hause geschickt. In der Box bedanke ich mich für das tolle Gespräch, übersende ein paar Merchandise-Artikel meiner Firma und hole mir die Erlaubnis und das Einverständnis ab, den Bewerber wieder kontaktieren zu dürfen. Bis dahin bleibt er bei mir in Wartestellung, bis es notwendig ist, ihn oder sie einzustellen. Inzwischen hat mein Talentpool viele gute Bewerber und mit den meisten sind wir auch regelmäßig in Kontakt, halten sie warm für eine spätere Einstellung. Das geht natürlich nur, wenn die Bewerber-Pipeline kräftig gefüllt ist. Wie machen wir das? Wir nutzen dazu einen sogenannten Bewerberfunnel. Einen Marketingtrichter. Das heißt, ein potentieller Interessent wird auf uns aufmerksam und wir versuchen ihn immer und immer wieder anzusprechen, bis er sich bewirbt oder zum Kunden wird. Die Strategie funktioniert bei Bewerbern wie auch bei Neukunden für unsere Leistungen. Das heißt, ein Interessent folgt uns zum Beispiel auf Facebook und sieht irgendwann eine Werbeanzeige. Hier wird er animiert, auf unsere Website zu gehen und mehr Informationen über eine offene Stelle zu erhalten. Beim Besuch der Unterseite für Jobs wird dieser unsichtbar markiert, um ihn wieder anzusprechen. Du kennst vielleicht diese Vorgehensweise aus dem Shopping. Stelle dir vor, du suchst im Internet einen Artikel für dein Hobby und am nächsten Tag wird dir genau dieser bei Facebook oder Instagram angezeigt. Das gleiche System nutzen wir, um Bewerber wieder anzusprechen. Das heißt, der Besucher der Jobseite bekommt im zweiten Funnelschritt neue Werbeanzeigen angezeigt, die vor allem, ja klar, Herz und Gesicht zeigen. Diese sollen ihn motivieren, sich bei uns zu bewerben. Folgt er der Aufforderung und bewirbt sich, dann endet die Kampagne. Macht er es nicht, wird er wieder mit Anzeigen bespielt. Irgendwann erscheint ein Imagevideo unserer Firma mit 60 Sekunden Länge. Das ist dann Funnelstufe 3. Schaut sich der Nutzer nur die ersten Sekunden des Videos an, wird er sicher kein gesteigertes Interesse an der Firma haben. Sieht er sich jedoch das Video bis zum Schluss oder zumindest 75 Prozent an, kannst du davon ausgehen, einen potentiellen Bewerber in deinem Trichter zu haben. Nur diese werden wieder mit neuen Anzeigen bespielt und mit einem Video ganz persönlich von mir, bei dem ich sage: "Hey, mein Name ist Michael Täubert, aber warum soll ich mich vorstellen? Wir beide kennen uns doch bereits. Jetzt wird es Zeit, dich zu bewerben, am besten direkt hier unter diesem Video." Natürlich hat dieses Video wieder den Bewerber-Button am Ende und man hat die Chance, einen extrem kurzen Weg zu uns in die Firma zu wählen. Jede Bewerbung geht in unser System ein, wird verarbeitet und ist von meinem Smartphone aus abrufbar. Jeder Bewerber wird so lange angesprochen, bis er sich bewirbt oder die Anzeigen blockiert.

Wenn wir für unsere Kunden Mitarbeiter suchen, dann nutzen wir auch die örtliche Eingrenzung. Dabei setzen wir zum Beispiel den Radius für die Stellenanzeigen eng auf die Standorte der Mitbewerber und erhöhen dort das Werbebudget. Jeder der also in diesem Umkreis sein Smartphone benutzt, wird die Anzeigen sehen. Dieses System nutzen wir nicht nur für Facebook und Instagram, sondern auch für andere Social-Media-Kanäle oder Partnerprogramme wie Kleinanzeigen-App oder ähnliches. Du kommst dann an der Werbung von unseren Kunden nicht mehr vorbei. Vor nicht allzu langer Zeit hat mich eine Kundin angesprochen und gefragt, ob das nicht Guerilla-Marketing sei. Ja bestimmt, aber weißt du, ob nicht so eine Kampagne über deinen Firmensitz von einem deiner Marktbegleiter liegt? Die Frage aus meiner Sicht ist nicht: Welche Firma ist die bessere? Die Frage ist, wer ist präsenter und schneller? Wer ist näher am Jobwechsler dran, wenn der Impuls zum Wechseln kommt? Der Bewerber kann doch oftmals gar nicht hinter die Kulissen schauen. Er sieht eine perfekte Stellenbeschreibung und hat keine Ahnung, in welcher Firma er sich bewirbt. Jetzt liegt es doch an uns, unsere Firma gut darzustellen und präsent zu sein. Fülle also jetzt deine Bewerber-Pipeline mit den richtigen Bewerbern und trenne den Erfolg vom Zufall. Denke immer daran, bei allem, was du für das richtige Bewerbermanagement machst: Hoffnung ist kein Marketingplan. Wenn du also lediglich darauf hoffst, dass die richtigen Bewerber dein Unternehmen finden, dann verschwendest du Zeit, die dir zur Entwicklung deines Unternehmens und vor allem deiner Familie und Freizeit fehlt.

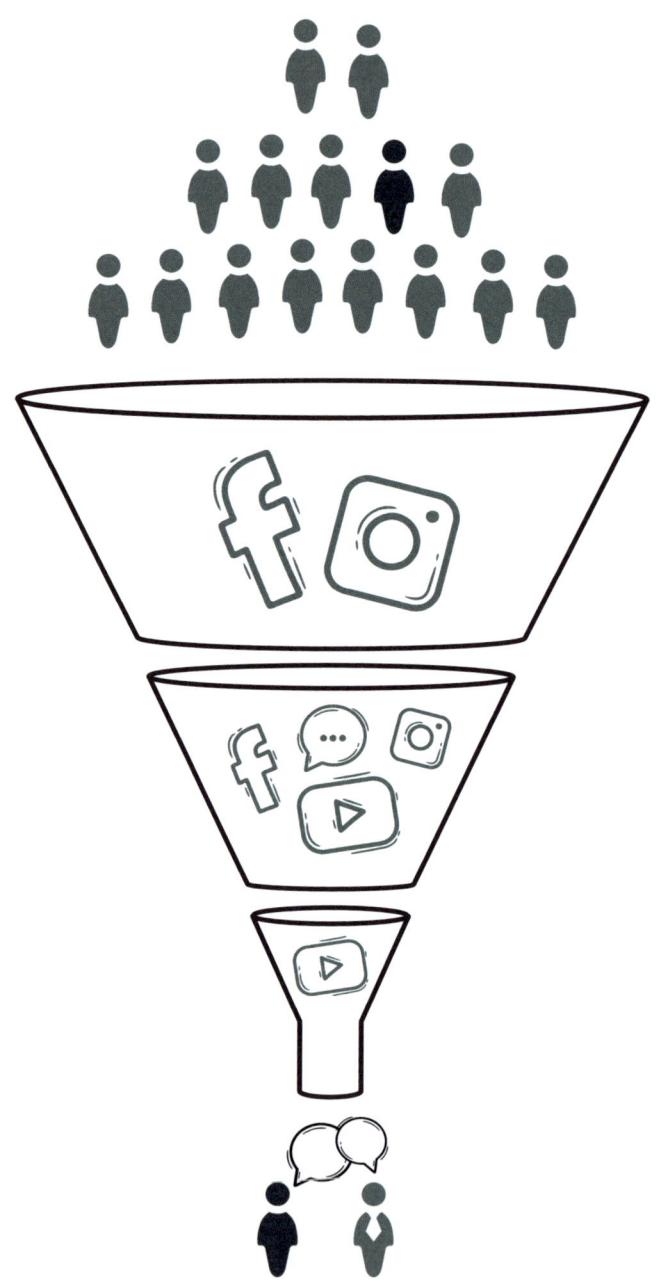

Mitarbeiter sind niemals gleich

Ich hatte die Herausforderung, dass wir mit steigenden Mitarbeiter-zahlen auch jede Menge Kollegen verloren haben. Auf der einen Seite war es nicht schlecht, weil vor allem Low-Performer die neuen Systeme nicht "ertragen" haben. Warum war mir ganz klar. Mehr und mehr wurde die Leistung messbar und deren fehlender Einsatz oder Qualifikation kamen zum Vorschein. Dennoch wollten wir auf keinen Fall unsere guten Leute bei dem Wachstum, welches wir hinlegten, verlieren. Schließlich sind wir von 2020 auf 2023 von 8 auf 30 Mitarbeiter gewachsen und leider sind nicht alle Strukturen so schnell mitgewachsen. Ich war zwar extrem motiviert, alles im Griff zu behalten, aber es zeichnete sich ziemlich schnell ab, dass es im Team eine gewisse Differenzierung der Mitarbeiter gab. Es hat sich herausgestellt, dass sich die Mitarbeiter in drei Kategorien einteilen lassen: "A", "B" und "C"-Mitarbeiter. Alles, was ich in den nächsten Zeilen schreibe, meine ich wertschätzend und beziehe es lediglich auf die fachliche Leistung und die Einstellung, nicht auf die menschlichen Aspekte. Wir haben ein Diagramm mit zwei Achsen definiert. Jeweils zehn Punkte auf der einen Achse beschreiben die Motivation und die anderen die Qualifikation. Mit Motivation meinen wir die Einstellung zum Job, ob der Mitarbeiter am Meeting aktiv mitmacht, an der Weihnachtsfeier teilnimmt oder sich an Teamevents beteiligt. Bei Qualifikation sind fachliche Bewertungen wie Arbeitsgüte, Ausbildung, Schnelligkeit in der Arbeit oder Qualität in der Ausführung beschrieben. Bei Punkt 5 der jeweiligen Achse ziehen wir einen Strich.

Ist das Teammitglied also im Bereich 5-10 Punkte in der Motivation und im gleichen Punktebereich bei der Qualifikation, dann ist es ein A-Mitarbeiter. Diese sind unbedingt zu halten und zu fördern. Das sind die Leistungsträger in deinem Unternehmen. Warum? Weil sie richtig Bock haben und dazu noch gut sind in dem, was sie machen. Ist der Mitarbeiter fachlich unter 5 Punkten, aber bei der inneren Einstellung (Motivation) über 5, dann ist er ein B-Mitarbeiter. Diesen kannst du jederzeit zum A-Mitarbeiter mit der entsprechenden Ausbildung entwickeln. Gebe ihm die Chance auf Weiterbildung und Seminare oder buche ein Online-Coaching und du wirst sehen, er wird dich nicht enttäuschen und sich entwickeln. Ist der Mitarbeiter top ausgebildet, also mit mehr als 5 Punkten bei der Qualifikation, jedoch nicht sehr motiviert, dann ist er auch ein B-Mitarbeiter. Dieser ist jedoch schwerer zu entwickeln, da ihm, wie bereits beschrieben, der Antrieb fehlt. Setze ihm hier Ziele und beschreibe ihm den Erfolg, der bei der Erreichung eintritt. Bei ihm musst du sehr darauf achten, ihn nicht weiter zu demotivieren, da er sonst auch mit der Leistung in Talfahrt gehen wird.

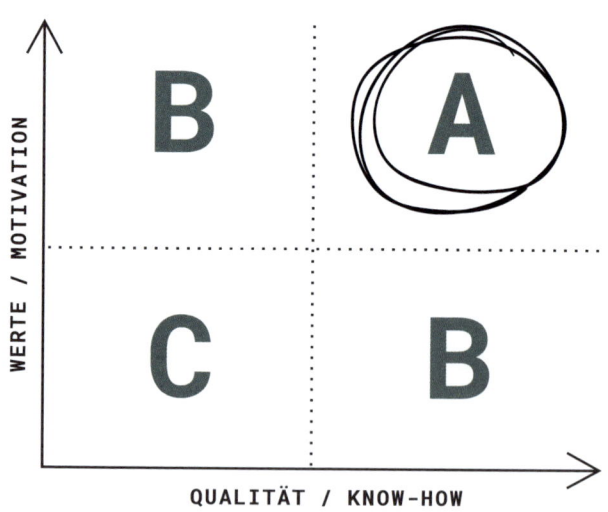

Dann gibt es noch Mitarbeiter, die jeweils unter 5 Punkten sind. Das sind die, die keinen Bock auf die Firma haben, aber auch nichts oder nur wenig leisten. In meinem Schaubild sind das die C-Mitarbeiter, die wir nicht brauchen und die auch zu unserem Erfolg nichts beitragen. Ich spreche hier bewusst von dieser Firma. Das kann in einem anderen Unternehmen schon ganz anders aussehen. Ich hatte mal eine Mitarbeiterin, die sehr, sehr langsam in der Abarbeitung ihrer Aufträge war. Es mangelte ihr eigentlich an allem. Sie hatte nicht das richtige Händchen für die Aufgaben und auch nicht die richtige Einstellung. Keine Verbundenheit zum Betrieb, kam oft zu spät und hatte auch keinen Antrieb, sich weiterzubilden. Ich hatte sie zu einer Zeit eingestellt, als ich alternativlos war, einer Zeit vor meinem Bewerberfunnel. In jedem Gespräch hat sie versprochen, sich nach der Arbeit weiter zu bilden, aber irgendwie waren keine Fortschritte erkennbar. Irgendwann habe ich den Entschluss gefasst, dass ich sie dem Arbeitsmarkt wieder zur Verfügung stellen möchte, sie also zu kündigen. Ihre Anstellung war fristlos und die Probezeit längst vorbei. Wie also trennt man sich von ihr ohne großen Stress auf beiden Seiten? In einem Vier-Augen-Gespräch habe ich ihr noch einmal die Situation beschrieben und meine A/B/C-Mitarbeiter-Matrix vorgestellt. Sie selbst hat sich mit jeweils vier Punkten bewertet und somit als C-Mitarbeiter qualifiziert. Ich habe ihr geradezu gesagt, dass sie sich soeben selbst gekündigt hat und gefragt, wie sie die Lage einschätzt. Bei der Selbstreflexion hat sie dann dargestellt, dass sie sich unsicher in ihrem beruflichen Werdegang ist und sie ja lieber etwas mit Menschen machen würde, lieber etwas Soziales, da sie dafür brennt und da ihr Herz aufgeht. "Na dann mach das doch und erfülle dir deinen Traum", entgegnete ich ihr und schlug ihr vor, einen Aufhebungsvertrag zu machen. Sie stimmte zu und unterschrieb noch in dem Termin die Aufhebung des Arbeitsverhältnis zu einem für uns beide akzeptablen Zeitpunkt. Heute bin ich überzeugt, der Job war nicht der richtige für sie und man hätte das schon viel eher machen sollen. Leider war weder bei ihr noch bei mir die Erkenntnis eher gereift. Daher gehe am besten jetzt einmal dein Team durch und entscheide dich, wer unbedingt dabei bleiben soll und wer das Team verlassen muss. Dabei sein, weil er dir richtig etwas bringt. Verlassen, weil er dir keine Wertsteigerung des Unternehmens schafft und vielleicht selbst einen anderen Traum hat, den du nicht kennst und dieser ihm oder ihr aber mehr Erfüllung gibt. Manchmal ist es als Entscheider auch unsere Pflicht, Lebenswege zu zerstören, um neue Wege möglich zu machen.

Ich bin insgesamt der Überzeugung, dass es sehr schwer ist, Mitarbeiter zu motivieren, es wiederum aber sehr leicht ist, sie zu demotivieren. Stelle daher am besten motivierte Mitarbeiter ein und mache alles, um sie nicht zu demotivieren.

Leistungsträger binden – Instrumente, wie dir das gelingt

Stelle dir vor, du hast eine Truppe von rund 30 kreativen Wilden in einer Werbeagentur und es geht darum, diese im Unternehmen zu halten. Oftmals ist das mit finanziellen Mitteln gar nicht möglich. Der Konkurrenzkampf in der Druckbranche ist wahnsinnig hoch, Onlinedruckereien bieten günstige Preise mit wenig Service und wir sind irgendwo dazwischen. Dazu hat die Industrie den Bedarf an Marketing ebenfalls erkannt und wirbt die guten Mitarbeiter mit hohen Löhnen an. Wie also gelingt es einem Werbeunternehmen, die Mitarbeiter zu halten und zu binden? Die Vision und das Warum schaffen natürlich Fakten, aber die neue Generation Mitarbeiter hat andere und moderne Interessen. Auf der einen Seite stehen die, die leisten wollen, keinen Feierabend kennen und sich selbst verwirklichen. Auf der anderen Seite stehen die, die Life-Life-Life und dann ein bisschen Work in ihrer sogenannten Balance sehen. Die großen Konzerne haben es vorgelebt und haben sehr viel Freiraum für die Mitarbeiter zugelassen. Aber wie gelingt einem das als kleine Werbeagentur in der Ostthüringer Provinz? Als wir die entsprechende Teamstärke erreicht hatten, haben wir für alle Kollegen eine Gleitzeitregelung geschaffen. Das heißt, die Kernarbeitszeit, bei der alle anwesend sein müssen, ist 9 bis 16 Uhr. Zwischen 7:30 Uhr und 20 Uhr kann dann der Rest der Arbeitszeit flexibel gestaltet werden. Die Mittagspause kann zwischen 12 und 13 Uhr variabel gestaltet werden. Das schafft allen Mitarbeitern nicht nur die Pause nach ihren Wünschen zu legen, sondern auch den Beginn und das Ende der Arbeitszeit. Einher ging damit die Anpassung der Öffnungszeiten unserer Firma. Das war für mich das größte Thema, weil ich nicht einschätzen konnte, wie unsere Kunden darauf reagieren. Erstaunlicherweise war das überhaupt kein Thema. Ziemlich schnell haben sich auch die Kunden an die geänderten Zeiten gewöhnt, zumal sich unser Geschäft stark in die digitale Welt verlagert hat. Mehr und mehr erreichen uns die Aufträge über E-Mail oder Social Media. Ich selbst hatte vor diesem Schritt der Gleitzeiteinführung immer Bedenken und habe mich extrem schwer damit getan, das einzuführen. Nach dem Testbetrieb und nach der Einführung der digitalen Zeiterfassung hat sich jedoch gezeigt, dass die Vorteile überwiegen und es eine deutliche Steigerung der Mitarbeiterzufriedenheit gegeben hat.

Kennst du eigentlich die Herzensprojekte deiner Mitarbeiter? Manchmal erzählt der eine oder andere von seinem Verein oder seiner Leidenschaft. Von vielen war es mir jedoch nicht bekannt. Gerne wollten wir erreichen, dass unsere Mitarbeiter auch in ihrem Verein oder ihrem Hobby positiv über unsere Firma sprechen und haben das Täubi-Herzensprojekt ins Leben gerufen und dafür ein Budget bereitgestellt. Jeder Mitarbeiter hat dabei die Möglichkeit eines seiner Herzensprojekte zu unterstützen. Dafür haben wir pro Kollege einen kleinen finanziellen Beitrag bereitgestellt.

Die Bedingungen dafür sind: Der Mitarbeiter muss...
» sich selbst darum kümmern.
» eine Spendenquittung für den geleisteten Beitrag einreichen.
» ein Foto bei der Übergabe für Social Media bereitstellen.

Jetzt gibt es Herzensprojekte, die einen größeren Beitrag benötigen und bei denen die Finanzierung nicht ausreicht. Dann hat das Team auch die Möglichkeit, zusammenzulegen und gemeinsam zu unterstützen. Hierbei muss dann der entsprechende Mitarbeiter für sein Projekt werben und andere überzeugen. Das steigert auf jeden Fall die Kommunikationsfähigkeit der einzelnen. Es ist unglaublich, welche tollen Projekte die Mitarbeiter mitbringen. Oft bedanken sich Vorstände oder Mitglieder von Vereinen bei uns für das Engagement unserer Mitarbeiter. Es ist eine Win-Win-Situation für die Vereine und für die Mitarbeiter und natürlich auch für unsere Sichtbarkeit in der Region.

Ich habe festgestellt, dass vor allem die gemeinsamen Abende und Events das Team zusammenschweißen. Als wir noch weniger Mitarbeiter waren, gab es immer wieder einmal spontane Aktionen, die jedoch weniger wurden, nachdem sich das Team vergrößerte. In einem Jahreskalender plante ich Termine für gemeinsame Aktivitäten vor und legte fest, dass sich die Führung um zwei Teamabende und das Team um die anderen beiden Gedanken machen sollte. Auch hier habe ich ein Budget festgeschrieben, in welchem Rahmen sich das Event bewegen darf. Diesen Betrag kann das Team selbst durch die Umsetzung der Ideen aus der Ideenfabrik erweitern, was ich im letzten Kapitel bereits beschrieben habe. Vom klassischen Grillabend über Bowling bis hin zum Paintball haben wir schon zahlreiche Aktivitäten gemacht, die stets das Team weiter gefestigt haben. Ich glaube, ich brauche nicht zu erwähnen, dass vor allem beim Paintball gefühlt alle Farbkugeln in meine Richtung flogen. Bei der Ideenfindung aus dem Team zu den Teamabenden sind auch außergewöhnliche Sachen, wie der Täubi-Salat-Wettkampf entstanden, bei dem jeder Mitarbeiter einen eigenen Salat kredenzte oder die Teilnahme am Crosslauf im Erzgebirge. Egal welche Aktivität: Es bringt eine gute Stimmung und bindet das Team ans Unternehmen.

Das Highlight in unserer Firma ist jedoch die Täubi-Filmnacht, auf die sich wohl alle Mitarbeiter freuen, unser Event des Jahres. Unser Konferenzraum wird hierbei von Nadine in einen Festsaal verwandelt. Ein roter Teppich, goldene Filmstatuen und Ballons, Filmrollen mit Portraits und jede Menge Deko schaffen eine unverwechselbare Atmosphäre, um einen unvergesslichen Abend zu erleben. Alle Mitarbeiter sind mit Partner eingeladen und ziehen sich schick an, um der Verleihung

[Ein Teamevent, dass uns alles abverlangte:
Der Silberstrom-CrossDeLuxe-Lauf im Juni 2023
– gemeinsam haben wir es ins Ziel geschafft!]

der Preise entgegen zu fiebern. Aber zuerst gibt es, wie es sich für eine Filmnacht gehört, einen Film und einen Rückblick auf das vergangene Jahr. In meiner Rede begrüße ich auch einige Kunden und Lieferanten, die wir gerne einladen und mit denen wir gemeinsam feiern, bevor ich einen Ausblick auf das bevorstehende Jahr gebe. Jeder von den Täubis erhält nicht nur ein Fotobuch vom vergangenen Jahr, sondern auch eine persönliche Widmung, mit ein paar Zeilen, worauf wir gemeinsam stolz sein können. Im Anschluss folgt die Preisverleihung. Wir zeichnen den besten Lieferant, den besten Kunden und den kreativsten Mitarbeiter aus, wobei das nicht immer jemand aus der Medienwelt sein muss. In einem Jahr hat unser Facility-Manager diesen Preis gewonnen, da er immer kreativ seine handwerklichen Aufgaben löste. Der nächste Filmpreis mit der goldenen Statue ging an den Durchstarter des vergangenen Jahres. Hierbei prämieren wir vor allem gerne die jungen Kollegen, die eine deutliche Leistungssteigerung zeigen. Der fünfte und wohl spannendste Preis geht immer an den Mitarbeiter des Jahres. Vor der Filmnacht gibt es hierzu eine anonyme digitale Abstimmung, bei der das Team ein Votum abgibt. Nach der Show lockt stets ein reichhaltiges Buffet unter dem Motto "Vogtland trifft Italien" mit einer kulinarischen Auswahl, bevor unser DJ zum Tanzen und ausgelassenen Feiern einlädt. Der Abend soll dazu dienen, einfach einmal alles zu vergessen, Freude zu haben und gemeinsam zu feiern. Meist erzählen die Mitarbeiter noch wochenlang von dem Erlebnis "Täubi-Filmnacht". Ich habe schon Nachrichten nach der Veröffentlichung des Videos von der Filmnacht erhalten, in denen ich gefragt wurde, was man machen muss, um daran teilzunehmen. "Teil des Täubi-Teams werden", ist dann meine Antwort. Darauf habe ich schon Bewerbungen erhalten mit dem Text: "Ich habe zwar keine Ahnung, was ich bei euch machen kann, aber ich will dabei sein!" Diese Meldungen machen mich stolz und treiben mich an, das weiter zu führen, was wir begonnen haben.

Wir haben darüber hinaus jede Menge kleine Vergünstigungen geschaffen, die die Mitarbeiter an uns binden. Wichtig ist jedoch auch

[Alljährliche Täubi-Filmnacht mit Mitarbeiterpreisen, wie bei den Stars in Hollywood]

zu wissen, dass alles schnell zur Gewohnheit wird. Du musst immer mal wieder darauf hinweisen. In einem der letzten Meetings hat unser Betriebsleiter die Initiative ergriffen und ein Flipchart mit allen sogenannten Goodies beschrieben, die man in unserer Firma hat. Gleitzeit, kostenfreies Wasser und Kaffee, Eis im Sommer, Fitnessstudio, Ideenfabrik und so weiter und so weiter. Fast das ganze Blatt war beschrieben und hat den Mitarbeitern vor Augen geführt, was sie alles bekommen. Dann hat er dem Kollegen den Stift gegeben, der zuletzt bei uns angefangen hat mit der Aufforderung: "Markiere mal die Vorteile, die du in deiner alten Firma hattest". Der neue Kollege musste sich nach der Markierung von einem Begriff wieder hinsetzen. Was will ich damit sagen: Es gibt bei uns unzählige Vorteile und sicher auch in deinem Unternehmen. Mache deinem Mitarbeiter immer wieder einmal bewusst, welche das sind. Gerne kannst du unsere Methode verwenden und das von einem Teamleiter durchführen lassen. Das wirkt oftmals authentischer, als wenn du es selbst machst.

WOW-Week – Die Extrameile am Quartalsende

Im letzten Absatz haben wir über die vielen Goodies gesprochen, die es bei uns in der Firma gibt. Natürlich müssen diese auch finanziert werden. Also wie schaffst du es, den Vertrieb anzukurbeln und die Leistungskurve in unserem Produktionsablauf positiv zu verschieben? Du brauchst Ziele und diese müssen dir die Tränen in die Augen treiben, wenn du sie aussprichst. Warum? Durchschnittliche Ziele oder 10% mehr als im Vorjahr werden uns nicht dazu bewegen, umzudenken. Wir haben unseren Wunschumsatz die letzten Jahre immer verdoppelt. Zugegeben, das wird von mal zu mal schwerer, aber wir steigern uns auch jedes Jahr. Heruntergebrochen auf Quartals- und Monatsziele ist das zwar immer noch eine Mammutaufgabe, aber es sieht gar nicht mehr so schlimm aus. Dennoch ist immer am Ende des Quartals noch sehr viel Weg bis zum gesteckten Ziel. Darum haben wir die WOW-Week eingeführt. WOW steht für "work out week" und ist vergleichbar mit einem Workout beim Trainieren. Im Fitnessstudio bezeichnet man als Workout das Training seiner Fitness an der Leistungsgrenze. Bei uns im Betrieb ist es genauso. In der letzten Woche im Quartal legen wir den Fokus auf das Erreichen der Ziele, auch wenn es manchmal fast unmöglich erscheint. Wir beginnen mit regelmäßigen, motivierenden Worten durch mich als Unternehmer oder externe Speaker und Motivationsgeber. Diese treiben uns an, die Extrameile an diesen fünf Tagen zu gehen. Unsere Kundenbegeisterer telefonieren alle offenen Anfragen ab und versuchen noch aktiver den Abschluss zu erreichen. Die grafische Abteilung geht mit Nachdruck den Projekten nach, die kurz vor der Finalisierung stehen und die Produktion legt den Fokus auf die Fertigstellung begonnener Aufträge. Natürlich profitiert vor allem der Vertrieb von dieser Woche, aber darum geht es ja zum Schluss. Abschlüsse zu machen und zu verkaufen. Ohne Vertrieb kein Wachstum. Ohne Vertrieb keine Projekte und damit kein Ergebnis. Bereits beim Einfahren auf das Firmengelände weist ein großes Banner auf die WOW-Week hin. Frisches Obst und kühle Getränke sowie kleine Snacks belohnen alle Beteiligten für ihren Einsatz. Im Treppenhaus stehen Gläser zum Befüllen mit "Erfolgssand". Hierbei wird sichtbar, wie weit die jeweiligen Abteilungen ihre Ziele erreicht haben. Wichtig dabei ist, dass vorher bekannt ist, welche Erfolge die Teams haben sollen. Es braucht dafür einen Verantwortlichen, der sich darum kümmert und natürlich auch die Teams motiviert. Bei uns ist es unser Vertriebsleiter, der nicht nur alles vorbereitet, sondern auch durch die WOW-Week führt.

[In der Wow-Week geben wir noch mal richtig Vollgas und und füllen unsere Abteilungsgläser mit Erfolgssand.]

Höre auf die Sorgen deiner Mitarbeiter. Sie verlassen oft nicht die Unternehmen, sondern die Führungskraft.

Quartalsgespräche legen den Fokus auf die Ziele

Teamziele schaffen es, die Gemeinschaft zu festigen und die Leistung zu steigern. Mir war es jedoch auch wichtig, ganz individuelle Ziele für meine Mitarbeiter zu schaffen und näher an Sorgen und Nöten zu sein. Durch die Struktur der Abteilungen habe ich mich nach und nach immer weiter von einzelnen Mitarbeitern distanziert. Termin an Termin hat dazu beigetragen, dass ich einige Kollegen tage- oder wochenlang nicht gesprochen habe. Dennoch war es mir wichtig, zumindest einmal im Quartal ein ganz individuelles Gespräch mit jedem zu führen, von der Reinigungskraft bis zum Teamleiter. Ein Gespräch, bei dem es nicht um Aufträge, sondern um Ziele und persönliche Weiterentwicklung gehen soll. Ich habe aus diesem Grund die Quartalsgespräche eingeführt. Am Anfang war es wohl für einige Kollegen ein bisschen ungewohnt, weil sie dachten, das ist ein Format mit Kritik an ihrer Arbeit. Das ist aber ganz und gar nicht so. Mir war es doch wichtig, dass jeder mit einem positiven und motivierenden Gefühl aus dem Gespräch geht und eine Plattform geschaffen wird, um alles zu klären und anzusprechen. Auch dazu habe ich einen Leitfaden als Vorlage genommen und diesen immer weiterentwickelt. Während auf der ersten Seite die drei Ziele in diesem Quartal festgelegt werden, bieten die nächsten Seiten Fragen und Zeilen für Anregungen, Kritik, Verbesserungen aber auch Lob und Anerkennung. Vor allem das Thema Selbstreflexion spielt dabei eine große Rolle und die Möglichkeit auch Entwicklungspotenzial anzusprechen und zu vereinbaren. Fast jeder Mitarbeiter geht mit einer neuen

Idee oder einer Vision für seine Zukunft aus diesem Gespräch. Meist dienen die drei vereinbarten Ziele dieser persönlichen Vision und dem Wachstum unserer Firma. Bei diesen Personalgesprächen lernst du unglaublich viel über die Mitarbeiter oder erkennst auch weitere Fähigkeiten. Am Ende des Formulars findet man eine Tabelle mit Aufgaben, die sich aus dem Gespräch ergeben. ToDos für mich und auch für die Mitarbeiter, die kurzfristig umgesetzt werden müssen. Wichtig ist hierbei, die Aufgabe klar zu definieren und den Zeitpunkt zur Erledigung festzulegen. Gleich nach dem erfolgreichen Talk wird durch unser Backoffice der Termin für den nächsten im kommenden Quartal festgelegt, um dann auf die Erfüllung der Ziele und auf den Erfolg zu schauen. Das Quartalsgespräch ist für mich ein wichtiges Instrument geworden, welches mir dazu dient, auch einzelne für neue Ideen und Projekte zu begeistern. Führen heißt für mich, das Team auf Ideen und Leistung zu konditionieren. Entscheidend ist bei diesen Gesprächen, dass die Inhalte vertraulich sind, da auch immer mal wieder Konflikte auf den Tisch kommen, aber auch Lösungen und Ziele erkennbar sind. Hierbei habe ich anfangs zwei Fehler gemacht. Ich hatte die ToDos von den Mitarbeitern zwar dokumentiert, aber nicht kontrolliert. Das heißt, du musst dir gleich eine Kontrollinstanz für die Erledigung aller Aufgaben aus dem Meeting schaffen, auch deiner eigenen. Ich habe nämlich festgestellt, dass auch ich einige Aufgaben habe schleifen lassen. Das zweite und meiner Meinung nach viel wichtigere ist, du musst die drei Ziele des einzelnen Mitarbeiters klar sichtbar machen. Nicht selten hatte ich es, dass ein Mitarbeiter zum Quartalsgespräch kam und mit großen Augen auf seine Ziele schaute. Sie haben diese schlichtweg über das Quartal vergessen. Wenn du die Ziele nicht sichtbar machst und an ihnen aktiv arbeitest, dann sind sie nicht das Papier wert, auf dem sie stehen. Ich habe also eine kleine Vorlage entwickeln lassen, auf der die Ziele vermerkt werden und immer sichtbar im Büro hängen bis zum nächsten Quartalsgespräch. Falls du jetzt Bedenken hast, dass du eine Plattform schaffst für regelmäßige Lohnverhandlungen: Ja, die Chance besteht. Einige Mitarbeiter haben diese Gespräche genutzt, um Lohnverhandlungen anzusprechen. Das kannst du jedoch ganz klar kommunizieren. Sollten die Ziele nicht erreicht sein, kann er oder sie mit der Forderung direkt wieder einpacken. Sind die Aufgaben erledigt und hat es das Unternehmen vorangebracht, dann gibt es ja auch einen guten Anlass, über eine höhere Vergütung zu sprechen, jedoch nicht jedes Mal. Wenn die Leistung stimmt und der Ertrag da ist, fallen dir als Entscheider solche Maßnahmen wie mehr Lohn ja auch deutlich leichter. Mein Tipp an dich: Führe ein regelmäßiges Vier-Augen-Gespräch mit deinen Mitarbeitern ein. Du musst es nicht Quartalsgespräch nennen, aber solltest es regelmäßig machen und vor allem deinem Mitarbeiter und dir die Chance geben, sich darauf vorbereiten zu lassen. Ein Treffen nach dem Motto: "Komm dann mal ins Büro zum Gespräch" finde ich ungeeignet und dient nicht der Entwicklung deines Teams. Bei dem ganzen Engagement für die Mitarbeiter muss ich dich aber vor einem bewahren: Die Gespräche können ein extremer Zeitkiller werden. Ich lasse zwar für jedes Gespräch einen einstündigen Termin planen, versuche aber, das Gespräch in 30 Minuten umzusetzen, um den Rest der Zeit an der Umsetzung zu arbeiten. Es entstehen immer Aufgaben für dich. Setzte diese am besten direkt um. Die meisten lassen sich relativ schnell erledigen. Mache aus diesen Gesprächen keine Laber- oder Stammtischrunde. Es geht hier ums Business und nicht um Small Talk.

PEP-Days – Deine Führungskräfte auf Ideen konditionieren

Gerade bei Führungskräften und Teamleitern haben sich in den Quartalsgesprächen viele Ziele ergeben und die gemeinsame Vision, die wir verfolgen, ist einfach nur atemberaubend. Dennoch haben wir festgestellt, dass auch ein Austausch der Teamleiter notwendig ist, da die meisten großen Projekte abteilungsübergreifend laufen und die Mitarbeit vieler bedingt. Einmal im Monat treffen wir uns daher mit Fachbereichsleitern zu einem Meeting, um über die aktuellen Themen zu sprechen. Hierbei empfiehlt es sich auch, einen festen Ablauf zu definieren.

Drei Fragen stelle ich dabei immer jedem Teilnehmer:
» Was ist seit dem letzten Treffen gut gelaufen?
» Was ist nicht so gut gelaufen?
» Was lernen wir daraus?

Ich kann dir nur raten, dir vorher über den Ablauf der Zusammenkunft Gedanken zu machen oder unsere Vorlage dazu zu verwenden. Aus jeder Runde sollte sich eine Handlungsliste mit konkreten Aufgaben und Zieldaten ableiten. Schreibe diese auf oder besser, packe sie in ein System. Wir verwenden dazu unsere Projektsoftware, um die ToDos zu dokumentieren und kontrollierbar zu machen.

Die ersten Meetings waren bei uns sehr zielführend, sind dann aber schnell in eine Kritikerrunde abgerutscht. Gerade beim Punkt "Was ist nicht so gut gelaufen?" wurden einige sehr persönliche Kritikpunkte angesprochen, teilweise personenabhängige Themen. "Der Klaus hat schon wieder seine Aufgabe nicht richtig gemacht!", waren dabei solche Anmerkungen. Ich habe dann später Regeln für das Meeting festgelegt. Eine davon heißt: Es gibt keine Namen von Mitarbeitern bei Kritiken. Warum auch? Persönliche Befindlichkeiten haben in dieser Runde nichts zu suchen. Diese können außerhalb geklärt werden. Das Treffen dient dazu, Projekte nach vorne zu bringen oder Strukturen und neue Prozesse zu schaffen, die unsere Firma weiterbringen. Daher mein Tipp: Trenne die Kritik von Personen. Angesprochen werden dürfen nur fehlerhafte Prozesse und Abläufe.

Nach dem Festlegen dieser Regeln hat die Fachbereichsleiterrunde wieder richtig Fahrt aufgenommen und es sprudelte vor Ideen und Projekten. Wir haben jedoch festgestellt, dass es manchmal einen anderen Rahmen braucht, um einfach größer zu denken. Irgendwas mit Weitblick und an einem anderen Ort. So sind unsere PEP-Days entstanden. PEP steht in dem Fall für Perspektiven, Entwicklung und Prozesse. Genau darum ging es. Erst Perspektiven gemeinsam zu ermitteln, dann das Entwicklungspotential vom Team und von unserer Firma zu erkennen und daraus Prozesse zu gestalten, mit denen wir das umsetzen. Klingt wahnsinnig theoretisch, was es aber gar nicht ist. Unser erster PEP-Day fand an der Bleilochtalsperre in Saalburg statt. Ein wahnsinniger Ausblick über das Wasser mit jeder Menge Weitblick.

Eingeladen hatte ich alle Führungskräfte zu einem ereignisreichen Tag mit Übernachtung. In einer SWOT-Analyse haben wir im ersten Schritt ermittelt, welche Stärken und Schwächen wir in unserem Unternehmen sehen. Was ist eine SWOT-Analyse? Es handelt sich um ein Instrument zur strategischen Planung. SWOT steht dabei für Strengths (Stärken), Weaknesses (Schwächen), Opportunities (Chancen) und Threats (Risiken). Sie dient jedoch nicht nur der Strategieentwicklung, sondern auch zur Positionsbestimmung, bei der man ermittelt, wo die Firma überhaupt gerade steht und wie sie wahrgenommen wird. Als Chancen kann man zum Beispiel die Möglichkeiten ermitteln, mit

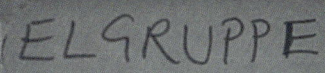

[Zu den PEP-Days stand das Thema
Positionierung im Vordergrund]

neuen oder besseren Produkten oder Services Stammkunden zu halten oder neue Kunden zu gewinnen. In unserem Fall hat sich auch dabei eine Auflistung ergeben, welche Kunden wir nicht mehr bedienen wollen. Dazu aber später mehr. Chancen sehe ich zum Beispiel immer auch darin, wenn wir einen Kunden verloren haben. Oft ärgern sich dann Mitarbeiter darüber, dass sie abgewandert sind und nicht mehr bei uns kaufen. Dann hat es aber einen Grund. Oftmals wird der Faktor Geld ins Spiel gebracht. Natürlich hat sich durch unsere geänderte Struktur auch der Kostenrahmen geändert und wir haben die Preise verändert. Dennoch bin ich davon überzeugt, dass kein Kunde verloren ist, nur weil er mal den Wettbewerb ausprobiert. Unsere Aufgabe ist es, ihn zurückzugewinnen, mit mehr Service, besserer Qualität und einem besseren Angebot. Nicht mit einem günstigeren Preis. Es gibt keinen zu hohen Preis. Nur einen zu gering wahrgenommenen Wert. Wir müssen dem Kunden den Mehrwert unserer Firma und unseres Angebots klar machen und nicht den Preis erklären. Darin sehe ich die Chance, immer wieder unser Angebot auf den Prüfstand zu stellen und zu verbessern. Natürlich muss man bei der Analyse aber auch immer die Risiken mit in Betracht ziehen. Was können bei der Ausführung der Arbeiten für Risiken entstehen und welche technologischen oder wirtschaftspolitischen Veränderungen haben Einfluss auf unser Business? Sind die Risiken zu groß, müssen diese minimiert oder Veränderungen abgeleitet werden. Das alles zu bedenken, erfordert jede Menge Weitblick, aber auch Gedanken. Das musst du nicht alleine erledigen. Nimm dir dein Führungsteam zur Seite und denke gemeinsam über die SWOT-Analyse nach. Du wirst überrascht sein, wie viele Impulse daraus entstehen. Manche dieser Gedankengänge sind dabei auch extrem hart. So hat sich bei uns die Erkenntnis ergeben, dass wir uns einfach einige Kunden nicht mehr leisten können. Hast du jetzt richtig gehört? Ja, wir können uns einige Kunden oder Aufträge nicht mehr leisten. Unsere Analyse hat ergeben, dass wir vor allem im Privatkundengeschäft überhaupt nicht kostendeckend arbeiten. Wie kann das passieren? Ich will es dir an einem Beispiel zeigen: Stell dir vor, ein Kunde kommt zu uns in den Store und bestellt eine bedruckte Fototasse mit Wunschmotiv. Die Tasse kostet 14,90€ brutto. Nach Abzug von 19 Prozent Umsatzsteuer bleibt ein Nettobetrag von 12,52€ bei uns als Umsatz. Auch wenn wir zwischenzeitlich die internen Herstellungskosten dieser Tasse auf Grund von Prozessoptimierung auf unter vier Euro drücken können, bleiben maximal 8,50€ für die Abwicklung des Auftrages übrig. Für diesen kleinen Betrag führen wir das Beratungsgespräch, erstellen gemeinsam mit dem Kunden das Layout, versenden ggf. noch den Entwurf, bearbeiten die Änderungswünsche und erstellen die Druckdaten. Nach der Produktion informieren wir den Kunden, geben die Ware aus und erstellen einen Beleg, der schlussendlich berechnet und gebucht wird. Das alles für 8,50€ netto? Das funktioniert nicht. Jetzt wirst du sicher sagen: „Na, dann mach doch den Preis höher." Das haben wir versucht. Der Marktbegleiter um die Ecke – ein großer Drogerie-Discounter, bietet eine ähnliche Tasse für 9,90€ an zum Selbstgestalten. In der ersten Analyse haben wir erkannt, dass wir den Aufwand minimieren müssen und Erweiterungsoptionen schaffen müssen. Das heißt, Vorlagen wurden kreiert, die den Erstellungsaufwand minimierten und es wurde angeboten, die Tassen noch zu füllen und zu verpacken. Der Aufwand wurde geringer und das Produkt hochwertiger und damit hochpreisiger, was für viele einen absoluten Mehrwert darstellt. Dennoch ist es uns nicht gelungen, in unserer Struktur dieses Produkt kostendeckend zu produzieren. Du wirst feststellen, dass in meiner oben genannten Berechnung zwar die Herstellungskosten bedacht, aber Fixkosten wie Raum- oder Werbekosten noch gar nicht erwähnt wurden. Dabei habe ich dir noch nicht erzählt, wie oft Kunden mich direkt angerufen haben, um Details abzusprechen oder mich beim Volksfest auf ihre Fototasse angesprochen haben, um Änderungswünsche mitzuteilen. Oder wie oft ich noch die Tasse irgendwo hin geliefert habe, weil es terminlich nicht anders gepasst hat. Du kannst es drehen und wenden wie du willst, dieses Geschäftsfeld ist für uns nicht lukrativ. Vielleicht sieht es der Onlinemarkt anders oder ein Mitbewerber. Für uns war es so. Genau diese Erkenntnis ist zum PEP-Day noch einmal deutlich geworden und wir haben uns entschlossen, den Store in der Fußgängerzone in Greiz zu schließen. Wow – was für ein Schritt. Hat das weh getan? Natürlich! Hat das Tränen gekostet? JA! Weil wir es aufgebaut haben und jetzt die Entscheidung getroffen haben, es zu beenden. Wie viele Gespräche haben wir darüber geführt, haben uns erinnert, dass nach der Eröffnung das Hochwasser alles zerstört und wir es wieder aufgebaut haben? Aber ich habe es in einem vorhergehenden Absatz bereits über andere beschrieben: Tradition und Sympathie bezahlt nicht deine Rechnungen. Das Geschäft war tot. Eigentlich schon lange, aber wir haben es immer mitgeschleift.

Reite niemals ein totes Pferd. Das ist die Erkenntnis aus 10 Jahren Täubert-Store. Und ich will überhaupt nicht dabei jammern. Nein, ganz und gar nicht. Ich bin stolz und froh, dass wir gemeinsam diese Entscheidung getroffen haben und uns jetzt auf unser Kerngeschäft konzentrieren können. Denn in diesem Treffen konnten wir auch eine ganz klare Positionierung für uns finden. Wir haben den sogenannten Bauchladen eliminiert und uns auf drei Kernthemen konzentriert. XXL Digitaldruck ist das Thema, welches uns am besten liegt und bei dem wir auch die besten Strukturen haben. 2022 haben wir über 50 Linienbusse mit Werbung beschriftet, mehrere Züge und eine Menge großer Fahrzeuge und sogar ein Flugzeug. Das ist das Thema, mit dem wir spitz in den Markt gehen wollen, das heißt, unser eigenes Marketing darauf ausrichten. Dazu noch das neue Geschäftsfeld "Digital Marketing", bei dem wir den Bereich Social-Media-Marketing, Webdesign und digitale Werbeanzeigen (Digital Signage) abdecken. Ein Markt, der auf jeden Fall zukunftsweisend ist und eine immer höhere Bedeutung erlangt. Alle Kunden, die durch unser Social-Media-Team ihre Sichtbarkeit vergrößert haben, haben das Luxusproblem, mit unzähligen Bewerbungen umgehen zu müssen. So war es naheliegend, unsere Systeme und Prozesse unseren Kunden zu empfehlen und daraus ein Coaching abzuleiten. Unsere Partnerunternehmen lernen hierbei, größer zu denken, die richtigen Prozesse und Systeme zu schaffen und diese im Betrieb zu installieren. Unsere Positionierung ist jedoch ganz konkret: Mehr

Sichtbarkeit für Unternehmen, um bessere Aufträge und Mitarbeiter zu finden. Ganz knapp und für jeden greifbar.

Daher möchte ich dir empfehlen: Finde dein Lieblingsprodukt, leite daraus deine Positionierung ab und schaffe dafür gemeinsam mit deinem Führungsteam die richtigen Prozesse. Kurz gesagt: Perspektiven, Entwicklung und Prozesse (PEP).

Nur mit der richtigen Positionierung und funktionierenden Abläufen wirst du als Firmeninhaber Zeit gewinnen. Die Zeit, die du für dich und deine Liebsten viel dringender brauchst. Daher denke jetzt noch einmal ganz genau darüber nach, einen PEP-Day einzuführen und ob du dir deine Kunden noch leisten kannst.

MOHLSDORF-
TEICHWOLFRAMSDORF
Täubert-Design

Ⓜ 180

[Bereits 2015 haben wir uns an innovativen Ideen,
wie das Monopoly Vogtland, beteiligt.
Unsere Katja hat sich inzwischen von der Mitarbeiterin
zur Betriebsleiterin entwickelt.]

Nimm deine Führungskräfte
an die Hand und bilde sie aus

Du hast dich mit Persönlichkeitsentwicklung oder mit Zeitmanagement beschäftigt und sicher auch auf den letzten Seiten den einen oder anderen Impuls mitgenommen. Gehe nicht davon aus, dass deine Führungskräfte so weit sind wie du. Wir als Unternehmer sind Visionäre, denken bei Themen unzählige Schritte voraus und rennen oft vornweg ohne die Nachhut zu beachten. Vielleicht stehst du noch ganz am Anfang deiner Prozessoptimierung oder bist schon einige Schritte gegangen. Egal wie weit du bist, du musst deine Teamleiter auf dieser Reise mitnehmen. Aus unseren PEP-Days haben sich zahlreiche Arbeitsaufträge für die Teamleader abgeleitet, aber viele machen es sich dabei unwahrscheinlich schwer, sie umzusetzen. Oftmals fehlt ihnen die Erfahrung, der Ansatz, wie man mit der Erstellung beginnt bzw. kommt beim Eintreffen ins Tagesgeschäft der Alltag mit 180 Sachen um die Ecke und kickt sie aus der Planung für die Strukturen. Daher musst du sie dabei unterstützen. Hier helfen Seminare, Workshops, mitunter weiterführende Ausbildungen oder einfach die helfende Hand. Der beste Weg ist, erst einmal ein Schulungsvideo aufzuzeichnen mit Hinweisen, wie sie am besten mit der Aufgabe "Prozessgestaltung" beginnen. Das gibt ihnen die Möglichkeit, jederzeit das Wissen noch einmal abzurufen, zu verinnerlichen und anzuwenden. Im zweiten Schritt habe ich sogenannte "Prozessstunden" eingeführt. In jeder Abteilung habe ich wöchentlich eine Stunde mit dem Teamleiter Zeit im Kalender geblockt, um an den Abläufen der jeweiligen Abteilung zu arbeiten. Wie sah dies bei uns aus? Ich habe mich zum Beispiel jeden Freitag mit der Produktionsleiterin zu einem festen Termin getroffen und dabei immer die Frage gestellt: "Wo drückt denn diese Woche der Schuh am meisten?" Da wirst du immer etwas erfahren. Genau das klärst du an dem Tag. Damit meine ich nicht, dass du die Aufgabe übernimmst, sondern dass ihr gemeinsam einen Prozess schafft, die Herausforderung zu eliminieren. In verschiedenen Produktionsabteilungen hatten wir zum Beispiel die Schwierigkeit, dass das Rohmaterial für die Produktion irgendwo hingestellt wurde. Im Anschluss wusste kein Mitarbeiter, wie damit zu verfahren ist und was die weiteren Schritte waren. In unserem Prozessmeeting haben wir dann eine Fläche eingeführt, wo Neuware abgestellt wird. Ein entsprechendes Formular zeigt den Lieferanten, den Mitarbeiter, das Datum und die Auftragsnummer an. Dazu brauchst du dann die entsprechenden Formulare, einen kleinen Prozess und die Kommunikation an deine Mitarbeiter. Da du jetzt nicht alle im Team erreichst, macht es Sinn, das Video gleich abzudrehen und auf deiner Schulungsplattform zu veröffentlichen. Sollte dir jetzt durch den Kopf gehen, dass es zu viel Aufwand für den kleinen Fall macht, dann ist die Herausforderung nicht groß genug. Dann widmet euch einer anderen. Du wirst Probleme oder Problemchen finden, bei denen sich der Aufwand lohnt. Aber glaube mir: Jeder noch so kleine Konfliktpunkt kann sinnvoll in einen Ablauf gepackt und systematisiert werden. Auch wenn es dich als Unternehmer nicht stresst, einen Mitarbeiter wird es stressen und wir haben doch gelernt, dass wir alles dafür tun wollen, die A-Mitarbeiter zu halten. So hat es unsere Produktionsleiterin zum Beispiel gestresst, dass die Müllsäcke immer in der ganzen Produktion stehen. Mich hat es auch manchmal geärgert, wenn einer dieser blauen Säcke auf einem Storyvideo im Hintergrund erschien, aber ich war darüber nicht so verärgert, wie die Kollegen, die täglich in den Räumen arbeiten. Wenn du es als Selbstverständlichkeit ansieht, dass diese in die Müllcontainer geschafft werden, dann muss ich dich enttäuschen. "Es passt schon noch was rein!", "Man kann doch einen zweiten daneben hängen!" oder "Ich gehe doch nicht wegen jedem Sack einzeln zum Container", ist dann immer eine schnelle Ausrede. Das kennst du sicher aus deiner Firma oder von zu Hause. Keiner macht's. Es müsste mal jemand den Müll raus tragen. Jemand ist dann alle und jeder, aber auch keiner. Es wird keiner machen. Braucht es jetzt einen Prozess, um den Müll raus zu tragen? JA! Wenn es nicht funktioniert und es einen Konflikt dadurch gibt, dann ja! Wir haben das bei uns ganz einfach gelöst. Eine kleine Fläche wurde hinter der Tür durch Bodenaufkleber markiert und als Abstellfläche definiert. Verantwortlich ist dafür immer der dienst-jüngste Mitarbeiter, der an diesem Tag anwesend ist. Heißt in der Regel der Praktikant, Azubi oder der Youngstar der Abteilung. Feierabend ist dann, wenn die Ecke leer ist. Ganz einfach und pragmatisch. Ein anderes Beispiel ist unser Reinigungsmittel. Wie oft hatte ich Anrufe aus der Produktion, dass der Reiniger verbraucht ist und sie keine Außentermine mehr erledigen können. Immer in diesen Situationen ist Stress entstanden, entweder für meine Produktionsleiterin oder für mich. Auch das haben wir ganz einfach gelöst: Wir haben sechs Flaschen ins Regal gestellt, vor die vorletzte Flasche eine kleine laminierte Karte mit der Aufschrift: "Reiniger bald leer. Diese Karte bitte bei der Produktions-leitung ins Fach legen". Jetzt kann man beim nächsten Bestellprozess einfach Neues nachbestellen und beim Einsortieren einfach die Karte wieder vor die vorletzte Flasche stecken. Seitdem ist nie wieder die He-rausforderung eingetreten, dass Reiniger bei uns vergriffen war. Sol-che kleinen Miniprozesse sind ziemlich schnell definiert, schaffen aber jede Menge Harmonie im Team. Ich habe das immer so geplant, dass nach der "Prozessstunde" noch ein Zeitfenster für die Umsetzung des Besprochenen geblockt war. Denn nur in der Umsetzung liegt der Er-folg. Dieses Vorgehen brauchst du in der Regel noch 5-6 Mal durchzu-führen und dann kannst du den Termin wieder löschen. Dann wissen deine Führungskräfte, wie es geht und was ihre Aufgabe ist. Lasse dich dennoch über die Aktivitäten in den Abteilungen informieren. Dafür brauchst du natürlich wieder ein System und eine Kontrollinstanz. Es wird sich jedoch alles für dich lohnen und sich zeitlich bemerkbar ma-chen.

OTZ

Täubert-Design
OTZ-Leserpreisträger des
Jahres 2022

OTZ   **2022**

Urkunde

Die Ostthüringer Zeitung verleiht den Leserpreis
für das

Ostthüringer
Unternehmen
des Jahres

an

Täubert-Design

Festgelegt durch die Leser der Ostthüringer Zeitung

Nils R. Kawig
Chefredakteur
Ostthüringer Zeitung

Michael Tallai
Geschäftsführer
Funke Medien Thüringen

[Von den Lesern der Ostthüringer Zeitung wurden wir zum
Unternehmen des Jahres 2022 gewählt]

Schlusswort

Es wird Zeit dir erst einmal zu gratulieren. Dafür zu danken, dass du es durchgehalten hast und rund 300 Seiten dieses Buches gelesen und verinnerlicht hast und dazu bereit bist, dein Leben zu verändern. Meines hat sich bereits verändert. Du hast sehr tiefe Einblicke in meine Lebensgeschichte erhalten und ich bin mit vielen Geschichten und Erlebnissen sehr ins Detail gegangen. Einige Details habe ich dir lieber erspart und freue mich, wenn wir uns einmal persönlich kennenlernen, sollten wir uns noch nicht kennen. Heute schaue ich dennoch nicht zufrieden auf das Erreichte zurück. Ich bin der Meinung, Zufriedenheit bedeutet Stillstand und diesen will ich nicht riskieren. Denn Erfolg ist wie beim Fahrradfahren: Wenn du nicht weiter vorwärts fährst, kommst du aus dem Gleichgewicht. Ich habe mit diesen Erfahrungen aus den letzten vier Kapiteln inzwischen dreißig Mitarbeiter aufgebaut und nicht nur gefordert, sondern auch gefördert. Wir gestalten unsere Region – unser schönes Vogtland – und wir kaufen jeden Tag virtuelles Land auf den Social-Media-Kanälen. Sichtbarkeit ist die neue Währung und diese gilt es, weiter zu steigern. 2022 hat mein Team den Mission Mittelstand Award für die sensationelle Skalierung der Firma und 2023 haben wir die Auszeichnung "Unternehmen Ostthüringen" der OTZ erhalten.
Privat konnte ich nach schweren Zeiten mein Gleichgewicht wiederherstellen. Ich habe eine wundervolle Frau, zwei Kinder und lebe in meiner idyllischen Gemeinde Mohlsdorf-Teichwolframsdorf, in der ich im Gemeinderat und als Ortschaftsbürgermeister Verantwortung trage.

Durch die freigewordene Zeit, durch Disziplin und ein hartes Trainings-programm habe ich seit 2021 wieder 60 Kilo abgenommen und fühle mich wohl. Ich habe wieder Zeit für Freunde, Familie und mich selbst. Wenn mich jemand fragt, würde ich mich als frei bezeichnen, unter-nehmerisch sowie in meinen Entscheidungen und meiner Lebensweise.

Aus meiner Sicht braucht es drei Mentoren im Leben. Ich habe diese drei gefunden. Der erste hat mir gezeigt, wie ich mein Leben gesünder leben kann. Dafür bin ich unheimlich dankbar und die Erfolge sind mei-nes Erachtens deutlich sichtbar. Der zweite Trainer hat mir im Rahmen eines Coachings gezeigt, wie ich mein Unternehmen mit Prozessen zu-kunftssicherer mache, digitalisiere und die richtigen Mitarbeiter finde. Das hat mir Zeit zum Leben verschafft. Und der dritte Coach, das ist meine Frau Nadine, der ich dieses Buch widme. Sie hat mir das Wich-tigste überhaupt gezeigt: Wieder zu Leben. Ich liebe dich!

Wieder zu leben: Genau das alles wünsche ich Dir.
Stelle dir daher jetzt bitte abschließend zwei Fragen:
Mit wem willst du deine Zeit verbringen? Und warum?
Die Antwort daraus wird dich ins Handeln bringen, dein Leben zu ver-ändern. Denke immer daran: Die Zeit ist endlich und deine Uhr tickt ge-nauso schnell wie die der anderen. Die Frage ist, was du an 24 Stunden pro Tag machst. Du kannst die Zeit nicht managen, sondern nur prio-risieren. Starte jetzt in deine neue Zukunft: 48 Stunden an nur einem Tag – mit mehr Zeit zum Leben.

[Durch die freigewordene Zeit, durch Disziplin und ein hartes Trainingsprogramm habe ich seit 2021 wieder 60 Kilo abgenommen und fühle mich wohl.]

[Stelle dir daher jetzt bitte abschließend zwei Fragen:
Mit wem willst du deine Zeit verbringen? Und warum?
Ich habe sie für mich beantwortet.]

WIE GEHT ES JETZT WEITER?

Du fragst dich jetzt:

**"Welche Chancen habe ich,
um ein erfülltes Leben zu genießen?"**

Ich habe da eine Idee für dich. **Buche dir jetzt ein kostenfreies Erstgespräch,** um deine Chancen zu ermitteln und profitiere schon jetzt von den Erfahrungen meiner Experten zum Thema Führung und Zeitmanagement.

Trage dich jetzt gleich ein und mein Team meldet sich bei dir per Telefon.

 michael_taeubert

 Michael Täubert

 48 Stunden an nur einem Tag - Michael Täubert

 48 Stunden an nur einem Tag - Michael Täubert

48stundentag.de

PODCAST

Höre rein, lass dich inspirieren und werde Meister deiner Zeit!

„48 Stunden an nur einem Tag – Michael Täubert"

PODCAST

Ich freue mich, dir meine neueste Initiative vorzustellen:

Mein brandneuer Podcast „48 Stunden an nur einem Tag – Michael Täubert"

In unserer heutigen schnelllebigen Welt ist ein effektives Zeitmanagement entscheidend, um deine Ziele zu erreichen, deine Produktivität zu steigern und gleichzeitig Raum für persönliche Entfaltung und Entspannung zu schaffen. Genau hier setze ich mit meinem Podcast an, um dir wertvolle Werkzeuge und bewährte Strategien an die Hand zu geben, die dir dabei helfen, deine Zeit optimal zu nutzen.

Was erwartet dich in meinem Podcast:

Inspirierende Interviews

Ich lade Experten und Erfolgspersönlichkeiten ein, die ihre besten Tipps und Techniken für ein effizientes Zeitmanagement mit dir teilen.

Praktische Tipps

Von To-Do-Listen über Zeitblöcke bis hin zur Bewältigung von Ablenkungen – ich liefere dir praktische Ansätze, die du sofort in deinen Alltag integrieren kannst.

Erfolgsgeschichten

Lass dich von Geschichten inspirieren, wie Menschen ihr Zeitmanagement verbessert haben und dadurch mehr erreichen.

Q&A-Sessions

Du hast Fragen zum Thema Zeitmanagement? Sende mir deine Fragen, und ich beantworte sie in meinen Q&A-Sessions.

Mein Podcast erscheint wöchentlich mit neuen spannenden Folgen. Du kannst ihn ganz einfach auf Spotify, Apple Podcasts, Youtube oder auf meiner Website anhören. Lass uns gemeinsam auf die Reise gehen, um Zeitmeister zu werden und dein Leben produktiver und ausgeglichener zu gestalten. Abonniere meinen Podcast, um keine Folge zu verpassen und teile ihn gerne mit deinen Freunden und Kollegen, die von diesen wertvollen Tipps profitieren könnten.

48 STUNDEN
AN NUR EINEM TAG

Mehr Zeit zum Leben

WORKBOOK

MICHAEL TÄUBERT

WORKBOOK

Bereite dich darauf vor, dein Zeitmanagement auf ein neues Level zu bringen und die Kontrolle über deine Zeit zurückzugewinnen!

59,00 EUR

WORKBOOK

Mein Workbook bietet dir eine praktische und leicht umsetzbare Anleitung, um deine Zeit optimal zu nutzen, deine Ziele zu erreichen und gleichzeitig eine ausgewogene Work-Life-Balance zu bewahren.

Was dich in meinem Workbook erwartet:

Zeitfresser identifizieren

Lerne, die häufigsten Zeitfresser zu erkennen und strategische Lösungen zu finden, um sie zu minimieren oder zu eliminieren.

Prioritäten setzen

Finde heraus, wie du klare Prioritäten setzt und deine wertvolle Zeit auf die Aufgaben fokussierst, die wirklich wichtig sind.

Effektive Planung

Entwickle eine strukturierte Tagesplanung, um deine Produktivität zu steigern und deinen Tag optimal zu gestalten.

Umgang mit Ablenkungen

Erlerne Techniken, um Ablenkungen zu bewältigen und deine Konzentration aufrechtzuerhalten.

Zeit für dich selbst

Erfahre, wie du Zeit für Erholung und persönliche Entwicklung einplanst, um dich selbst zu stärken und zu motivieren.

Dieses Workbook ist nicht nur ein Ratgeber, sondern auch ein interaktives Arbeitsbuch. Es enthält praktische Übungen, Reflexionsfragen und Aktionspläne, die dir dabei helfen, das Gelernte direkt in deinem Alltag umzusetzen.

Ich bin zuversichtlich, dass dich mein Workbook dabei unterstützen wird, produktiver zu sein und dein Leben in Balance zu bringen. Sichere dir noch heute dein Exemplar und starte deine Reise zu einem effizienten Zeitmanagement!

48stundentag.de/workbook

COACHING

Außerdem habe ich ein besonderes Angebot für dich:
Mein maßgeschneidertes Unternehmertraining.

Als Unternehmer weißt du, dass der Weg zum Erfolg mit Herausforderungen und Chancen gepflastert ist. In meinem exklusiven Training möchte ich dir die essenziellen Werkzeuge und Strategien vermitteln, die dich dabei unterstützen, dein Business auf das nächste Level zu bringen.

Was erwartet dich in meinem Unternehmertraining:

Unternehmer-Mindset stärken
Lerne, wie du eine positive und erfolgreiche Denkweise entwickelst, um Hindernisse zu überwinden und deine Ziele zu erreichen.

Effektives Zeitmanagement
Entdecke bewährte Methoden, um deine Zeit optimal zu nutzen und deine Produktivität zu steigern, damit du mehr in weniger Zeit erreichen kannst.

Strategisches Wachstum
Erfahre, wie du dein Unternehmen strategisch ausbaust und dabei langfristige Erfolge erzielst.

Marketing und Kundengewinnung
Erhalte praxisnahe Tipps, um deine Sichtbarkeit zu erhöhen, neue Kunden zu gewinnen und langfristige Kundenbeziehungen aufzubauen.

Finanzielle Intelligenz
Lerne, wie du deine Finanzen effektiv verwaltest, um nachhaltiges Wachstum zu ermöglichen und finanzielle Stabilität zu erreichen.

Digitale Prozesse implementieren
Nutze die Vorteile der Digitalisierung, um manuelle Arbeitsabläufe in deinem Unternehmen zu automatisieren.

Das Unternehmertraining ist online und du kannst von jedem Ort aus teilnehmen. Die Plätze sind begrenzt, um eine persönliche und interaktive Atmosphäre zu gewährleisten. Sichere dir daher jetzt deinen Platz!

Danksagung

Diese rund 300 Seiten wären nicht entstanden, wenn ich nicht auf meinem bisherigen Lebensweg so viele tolle Menschen kennengelernt hätte, die mich inspiriert und gefördert haben. Dafür gilt ihnen allen Dank und Respekt.

Mein Dank geht an meine Familie, meine Eltern und alle Freunde, sowie meinem Team die mich nicht nur in der Zeit des Buchschreibens, sondern auch in allen anderen Lebenslagen unterstützen.

Danke an meine Freunde (Charlotte, Tina, Christian, Mundi, Jens, Hans-Philipp, Benny) aus der Mastermind-Gruppe, sowie Jens und Stefan aus der Werbetechniker-Gruppe für die mentale Unterstützung.

Vielen Dank an Cordula, Kathrin, Manuela, Maria, Yannic und Silvio für das Lektorat und die vielen Mühen, die ihr euch dabei gegeben habt.

Danke an Katja für die Visualisierung und die Gestaltung des Buches.

Danke an Jeannette vom Hospizdienst der Diakonie, die mich in der schlimmsten Zeit meines Lebens unterstützte.

Danke an alle Teilnehmer meiner Seminare, Workshops und Coachings. Ich bin stolz, eure Erfolge in euren Unternehmen zu sehen und freue mich dabei unterstützen zu dürfen.

Danke an alle Wegbegleiter an meinem 48-Stunden-Tag.

Notizen

48 STUNDEN AN NUR EINEM TAG

Quellenverzeichnis

Fotos: Andy Popp, Jan Popp, Kenny Pool, Gerd Richter, freepik.com

Geschichte der beiden Halbkugeln: https://www.ein-unvergesslicher-tag.de/lesungen-zur-hochzeit/mythos-von-den-zwei-kugelhalften/

Eisenhower Matrix:
https://de.wikipedia.org/wiki/Eisenhower-Prinzip

Paretoprinzip:
https://de.wikipedia.org/wiki/Paretoprinzip

Poka-Yoke:
https://de.wikipedia.org/wiki/Poka_Yoke

SWOT-Analyse:
https://de.wikipedia.org/wiki/SWOT-Analyse#Entstehung%20und%20Anwendung